Outdoor Leadership

Führungsfähigkeiten, Risiko-, Notfall- und Krisenmanagement für die Arbeit mit Gruppen

3. vollständig überarbeitete Ausgabe

Pit Rohwedder

Gelbe Reihe : Praktische Erlebnispädagogik

Dieser Titel ist auch als eBook erhältlich
ISBN 978-3-96557-104-4

Sie finden uns im Internet unter
www.ziel-verlag.de

Wichtiger Hinweis des Verlags: Der Verlag hat sich bemüht, die Copyright-Inhaber aller verwendeten Zitate, Texte, Bilder, Abbildungen und Illustrationen zu ermitteln. Leider gelang dies nicht in allen Fällen. Sollten wir jemanden übergangen haben, so bitten wir die Copyright-Inhaber, sich mit uns in Verbindung zu setzen.

Inhalt und Form des vorliegenden Bandes liegen in der Verantwortung des Autors.

Bibliografische Information der Deutschen Nationalbibliothek
Die Deutsche Nationalbibliothek verzeichnet diese Publikation in der Deutschen Nationalbibliografie; detaillierte bibliografische Daten sind im Internet über http://dnb.d-nb.de abrufbar.

Printed in Germany

ISBN 978-3-96557-103-7 (Print)

Verlag: ZIEL – Zentrum für interdisziplinäres erfahrungsorientiertes Lernen GmbH
Zeuggasse 7–9, 86150 Augsburg, www.ziel-verlag.de
3. vollständig überarbeitete Ausgabe 2022, Nachdruck 2023

Gesamtherstellung: **FRIENDS** Menschen Marken Medien
www.friends.ag

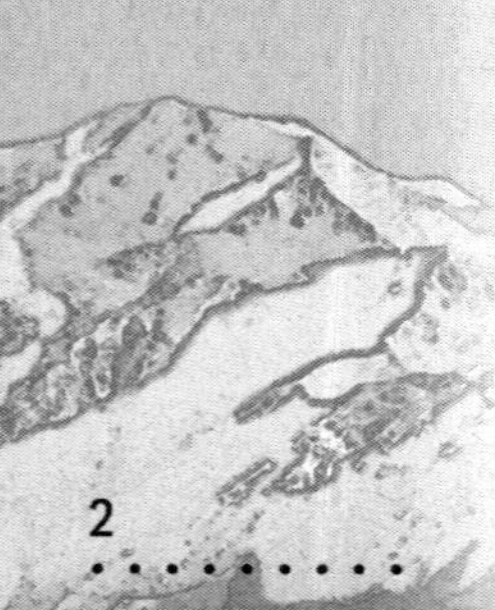

Gewidmet

All meinen Mentoren

Inhaltsverzeichnis

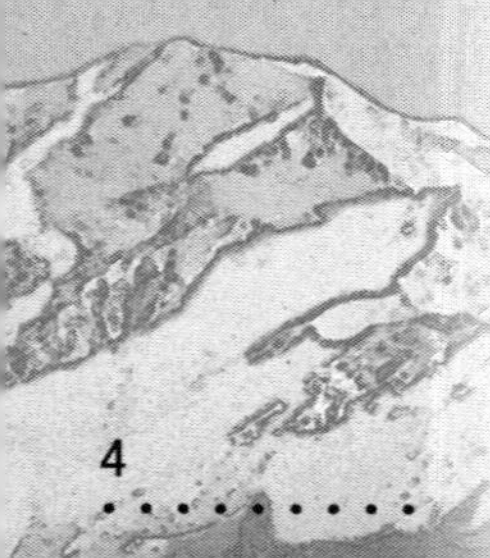

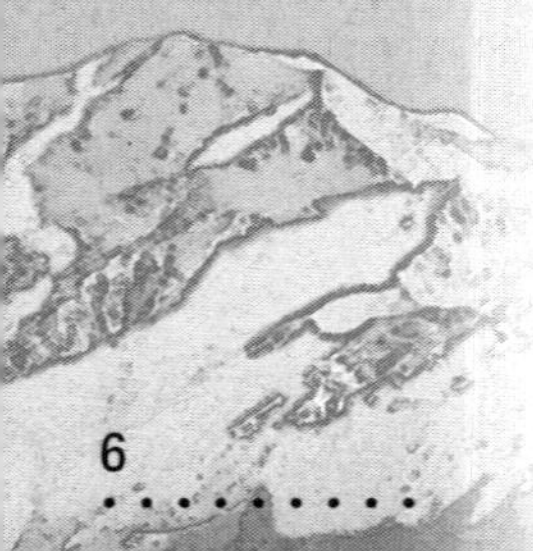

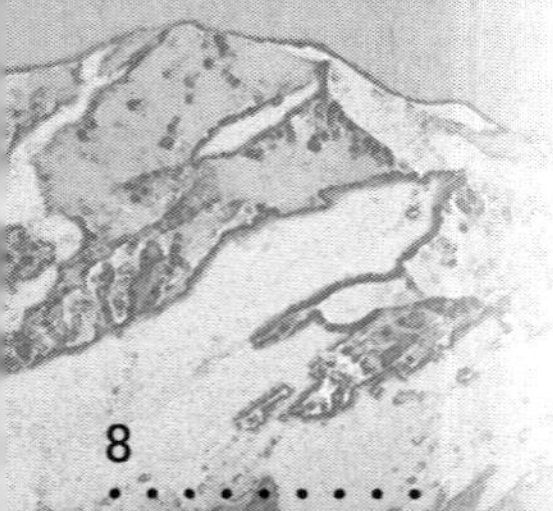

Danksagung

Für die vielen fachlichen Anregungen möchte ich mich ganz herzlich bedanken bei:
Heiner Brunner, Dr. Ingo Buchelt, Christina Crowther, Wilfried Dewald,
Andi Dick, Dagmar Dittmann, Klemens Fraunbaum, Peter Geyer, Kristine Gutsch,
Lydia Kraus, Wolfgang Mayr, Baldo Pazzaglia, Niko Schad, Daniel Schumann,
Devi Schwab, Dr. Martin Schwiersch, Melanie Walter und Dr. Kerstin Wundsam

Bildnachweis

Titelbild: Mount McKinley
Archiv Rohwedder: Seite 20, 22, 28, 31, 49, 58, 73, 87, 91, 93, 94, 101, 106, 109, 119, 125, 128, 131, 132, 134, 137, 160, 161, 169, 171
Peter Geyer: Seite 57, 59, 92, 115
Baldo Pazzaglia: Seite 125

Vorwort

Ach entzögen wir uns Zählern und Stundenschlägern.
Einen Morgen hinaus, heißes Jungsein mit Jägern,
Rufen im Hundegekläff.
Dass im durchdrängten Gebüsch Kühle uns fröhlich besprühe,
und wir im Neuen und Frein – in den Lüften der Frühe
fühlten den graden Betreff!

Solches war uns bestimmt. Leichte beschwingte Erscheinung.
Nicht, im starren Gelass, nach einer Nacht voll Verneinung,
ein verneinender Tag.
Diese sind ewig im Recht: dringend dem Leben Genahte;
weil sie Lebendige sind, tritt das unendlich bejahte
Tier in den tödlichen Schlag.

Draußen sein, das heißt Lebendig-Sein, das bedeutet Energie, Beschwingtheit, Sinn- und Kohärenzerleben, *„graden Betreff"*, wie R.M. Rilke dies in seinem Gedicht „Vollmacht" formuliert.

Die „Outdoors" rufen uns mit ihren besonnten Berghängen, ihren firnspiegelnden Graten, der Weite der Ozeane, dem Schweigen der Wälder; und wir hoffen und fürchten gleichzeitig, aus den Outdoors als veränderter Mensch zurückzukehren.

Outdoorunternehmungen werden in den unterschiedlichsten Kontexten angeboten und eingesetzt, Pit Rohwedder gliedert sie gleich zu Beginn. Die „Erlebnispädagogik" – um ein Segment herauszugreifen – ist mittlerweile einer fachlich fundierten und anerkannten pädagogischen Herangehensweise gereift. Noch immer verspricht sie – zu Recht – den Alltag, den „verneinenden Tag" zu verlassen, um in der Kühle des neuen Morgens neu zu beginnen.

Doch die Outdoors bergen auch den *„tödlichen Schlag"*. Wir wollen in ihn nicht treten, und wenn wir andere hinausbegleiten, dann müssen wir ihn vermeiden. Dies zu leisten, hat die Erlebnispädagogik einen robusten Bestand an Sicherheitswissen entwickelt.

In den vergangenen Jahren wird die Diskussion um Sicherheit bei Outdoorunternehmungen durch die Begriffe „Sicherheits- und „Risikomanagement" erweitert, die eine zusätzliche systematische Sichtweise einfordern. Und mit der Einsicht, dass ein Notfall auch eine Krise ist, wurde zusätzlich die Wichtigkeit deutlich, sich präventiv nicht nur mit ihm, sondern auch mit der Bewältigung der damit gegebenen Krise zu beschäftigen („Krisen- und Notfallmanagement").

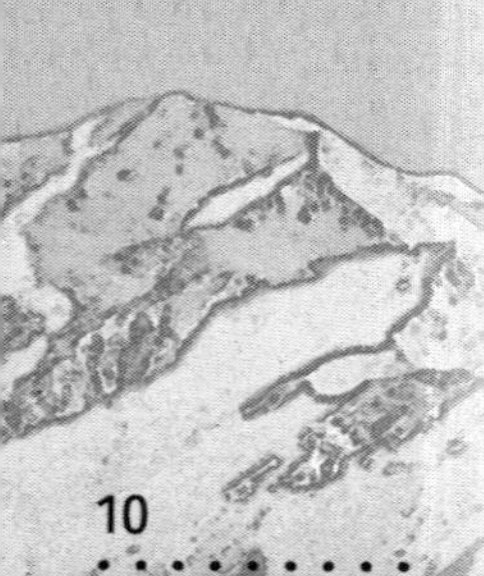

Diese Begriffe markieren einen neuen Entwicklungsschritt der Gemeinschaft der in den Outdoors Tätigen. Der Verdacht, dass nun die Zähler und Stundenzähler ihre Zelte auch draussen aufschlagen, ist nicht ganz von der Hand zu weisen – aber es handelt sich um einen notwendigen Prozess, denn jeder Unfall ist zuviel.

Pit Rohwedder gebührt das Verdienst, die Bedeutung und Tragweite dieser erweiterten Sichtweise früh erkannt zu haben. Als Praktiker, der vor allem in alpinen Handlungsfeldern jahrzehntelange Erfahrung vorweisen kann, ist er unverdächtig, ein *„Zähler"* zu sein. Vielmehr weiß er, durchaus auch leidvoller Erfahrung, wovon er schreibt. In der Arbeit mit Notfallszenarien konnte er die Konzepte erarbeiten und prüfen, die er im vorliegenden Buch zusammenfasst.

Er ist nicht nur der Erste, der dies in Buchform gießt, es ist auch sein „Erstes". Geschrieben mit Praxiswissen und Herzblut. Daher wünsche ich dem Buch die Resonanz, die das Thema verdient.

Dr. Martin Schwiersch
Pfronten, im Januar 2008

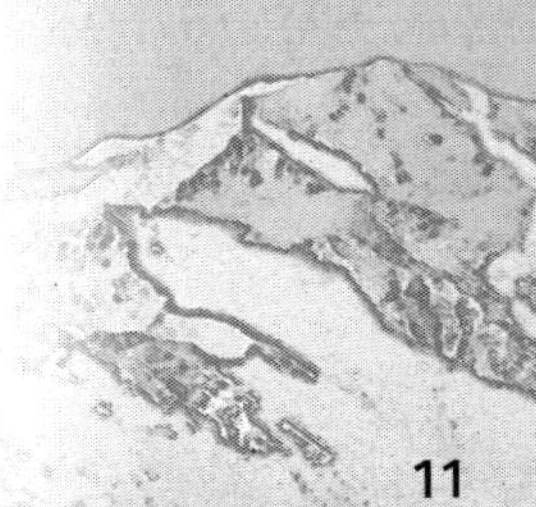

Einführung

Outdoor Leadership ist das Führen und Leiten von Einzelpersonen oder Gruppen in all seinen Facetten, egal ob das im Gebirge stattfindet, in Flusslandschaften, Höhlen oder in parkähnlichen Räumen. Mein persönliches Verständnis dazu wurde geprägt durch eine jahrzehntelange Arbeit mit wechselnden Zielgruppen in unterschiedlichsten Gebirgsgruppen. Ob in den Führungsaufgaben als Bergführer, in der erlebnispädagogischen Begleitung von Jugendlichen zur Persönlichkeitsentwicklung oder in der Lernprozessgestaltung bei Führungskräften und Teams aus der Wirtschaft im Rahmen von Outdoortrainings; immer wurde ich mit differenzierten Führungsaufgaben, Ansprüchen und Rollen konfrontiert. Da wir als Guides letztlich immer in einem Spannungsfeld unterschiedlicher Ziele und Erwartungen sind, nämlich derjenigen der Auftraggeber, der Teilnehmer, der Veranstalter und uns selber, wurde mir dadurch die Wichtigkeit einer eindeutigen Auftrags- und Rollenklärung klar.

Durch zahlreiche Unfallbeispiele von Outdoor Experten gewann ich allmählich den Eindruck, dass menschliche Faktoren in ihren Auswirkungen auf Sicherheitsfragen und Risikomanagementstrategien vor allem in Ausbildungskonzepten noch nicht gründlich genug einbezogen werden. In der Regel wird in Outdoorausbildungen nämlich mehr Wert auf Führungstechniken im Umgang mit Gruppen und zur Reduzierung des Unfallrisikos gelegt, weniger jedoch das „Wie" des Führungsverhaltens sowie der Einfluss gruppendynamischer Prozesse ausgebildet. Als langjähriger Lehrtrainer diverser Outdoor Zusatzausbildungen forderten mich diese Themen natürlich auf einer konzeptionellen und methodischen Ebene heraus.
So ist letztlich die Motivation für dieses Buch entstanden.

Outdoor Leadership ist ein Begriff, der im deutschsprachigen Raum bisher wenig Verbreitung gefunden hat. Der Begriff Outdoor wird heutzutage nicht mehr nur für die Natur und Wildnislandschaften verwendet, sondern häufig einfach für das Draußen sein benutzt, auch wenn es im Park oder auf der nahegelegenen Wiese stattfindet, wie das in Outdoortrainings häufig der Fall ist. Leadership ist der Begriff für Führung und Management an sich.

Der Begriff Outdoor Leadership findet in den handlungsorientierten Programmen der amerikanischen National Outdoor Leadership School wohl eine seiner populärsten Verbreitungen. Die Idee des Gründers Paul Petzoldt war einfach: *"Take people into the wilderness for an extended period of time, teach them the right things, feed them well and when they walk out of the mountains, they will be skilled leaders."* (www.nols.com). In bis zu 30 tägigen Kursen unter expeditionsartigen Bedingungen lernen die Teilnehmer verschiedene Schlüsselfähigkeiten wie Führung, Management, Kommunikation, Kooperation, Motivation, Stressmanagement, Konfliktbewältigung, organisatorische Fähigkeiten und Entscheidungen auch unter schwierigen Bedingungen kompetent treffen zu können.

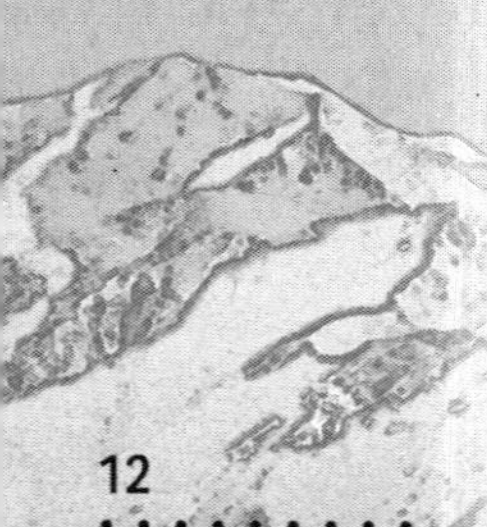

Durch die Publikation *„Handbuch für Outdoor Guides"* von Hans Peter Hufenus (Hufenus, 2003) wurde der Begriff des Outdoor Guides im deutschsprachigen Raum bekannter. Hufenus definiert darin die klassischen Tätigkeiten eines Outdoor Guides für die Bereiche Trekking, Wildnisreisen, Freizeit- und Lagergestaltung, Kanuwandern, Seekajakreisen und Schneeschuhlaufen und beschreibt die dazu notwendigen *„Outdoor Guide Kompetenzen"* (Hufenus, S. 21), wie etwa Orientierung, Gefahrenkunde, Survivalaspekte, Feuer machen und organisatorische Fähigkeiten.
Bewusst verzichtet er auf eine detaillierte Darstellung der wichtigen weichen Faktoren (soft skills), nämlich Führungsfähigkeiten, psychologische Kenntnisse und gruppendynamisches Wissen, ohne deren Bedeutung damit zu schmählern.

Die vorliegende Publikation schließt diese wichtige Lücke zwischen hard skills und soft skills, denn sie ergänzt das technische Führungswissen einschlägiger Fachbücher um den wichtigen Faktor Mensch und stellt nach über 10 Jahren auf dem Markt immer noch das zentrale Standardwerk zum Thema Outdoor Leadership im deutschsprachigen Raum dar. Dieses Fachbuch richtet sich an alle Personen, die Outdoorprogramme durchführen, unabhängig davon, ob sie in ursprünglichen Natur- und Wildnislandschaften unterwegs sind oder in Parks und künstlichen Erlebniswelten, wie beispielsweise die der Seilgärten und Kletterwälder. Da ich die weichen Faktoren auch immer im Kontext von Sicherheitsfragen und Risikomanagementstrategien beschreibe, leistet das Buch auch einen wichtigen Beitrag für die Erstellung von Sicherheitskonzepten von Outdoororganisationen, Vereinen und Verbänden.

Die ersten beiden Kapitel setzen sich mit Leitungs- und Führungsstilen auseinander und möchten sowohl zur Reflexion des eigenen Leadership Handelns einladen, als auch geeignete Steuerungsinstrumente für die Arbeit mit Gruppen vorstellen. Fallbeispiele unterstreichen den Praxisbezug nach dem Motto: vom Praktiker für Praktiker.
Anschließend werden im dritten Kapitel verschiedene Risikomanagementstrategien vorgestellt und die menschlichen Einflussfaktoren darin integriert.
Da jedoch auch bei größter Vorsicht ein Unfall nicht immer ausgeschlossen werden kann, beschreibe ich im vierten und fünften Kapitel wichtige Kompetenzen, wie Notfälle und sich daraus entwickelnde Krisensituationen bewältigt werden können.
Im sechsten und letzten Kapitel sollen abschließend noch einmal alle dargestellten Themen in eine Empfehlung für die Erstellung von Sicherheitshandbüchern zusammengefasst werden.

Da Outdoorprogramme sowohl von Bergführern, Fachübungsleitern, Hochseilgartentrainern, Pfadfindern, Kanuten, Höhlenführern sowie anderen durchgeführt werden, war es schwierig einen allgemeingültigen Namen für diese Funktion zu finden. Am hilfreichsten erscheint mir der Begriff des Guides, den ich fortan verwenden möchte.

Der Einfachheit halber wird im Text die männliche Version verwendet, selbstverständlich sind alle Frauen und Diverse gleichermaßen damit gemeint.

Ich wünsche Ihnen und Euch viel spannende Anregungen sowie Umsetzungslust bei dieser 3. vollständig überarbeiteten Ausgabe.

Die Kompetenzpyramide für Outdoor Leadership

Krisen Management

Notfall Management

Human Factors
Führungsstile
Psychologische Einflussfaktoren

Fachsportausbildung
Führungstechniken
Gefahrenkunde und Risikomanagement

© Rohwedder

Pit Rohwedder
Schwangau 2021

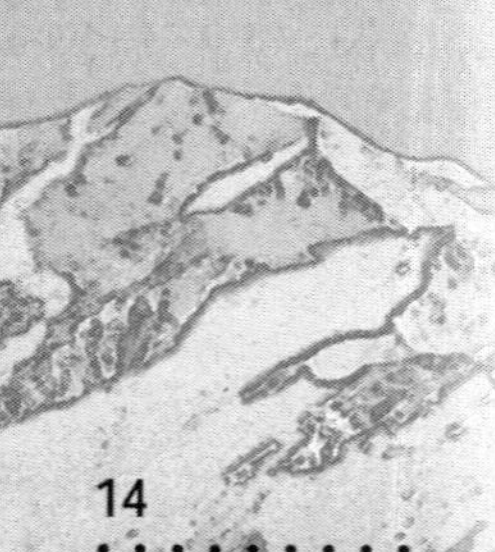

1. Leadership – ein Spektrum an verschiedenen Aufgaben, Rollen und Fähigkeiten

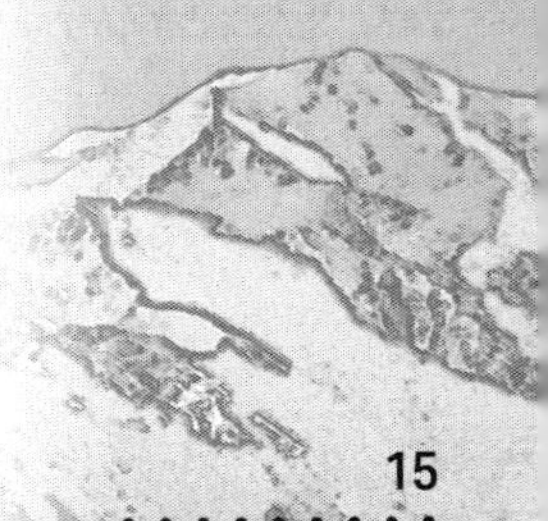

1. Leadership – ein Spektrum an verschiedenen Aufgaben, Rollen und Fähigkeiten

Outdooraktivitäten und Programme beleben nicht nur die Freizeitgestaltung und das Vereinsleben, sondern vor allem auch die schulische und betriebliche Bildung. Die dabei aufgesuchten Naturlandschaften wie Bergè und Schluchten, Flüsse und Seen oder Wälder und Höhlen stellen Lern- und Erlebnisräume dar, in denen man noch Ursprünglichkeit, Abgeschiedenheit, Authentizität und manchmal auch „echte Abenteuer" finden kann. Das pädagogische Potential von Natursportarten wie Bergsteigen und Klettern, Höhlenfahrten, Canyoing oder Kanuwandern usw. ist inzwischen gut untersucht worden und stellt für Gruppen, Teams und Führungskräfte wertvolle Erfahrungsmöglichkeiten zur Verfügung. Die Natur hat gegenüber den zahlreichen künstlich geschaffenen Event- und Abenteuerparks durch ihre natürlichen Bedingungen, ihre unterschiedlichen Landschaftscharaktere und ihre Verhältnisse durch Wetter und Jahreszeiten etc. sogar ein zusätzliches Plus, weswegen sie gerne auch als „Lehrmeisterin" beschrieben wird.

Wenn wir Menschen Outdoor begleiten, egal ob in natürlichen oder „TÜV geprüften" Räumen, sehen wir uns immer mit einer Ausgangssituation aus verschiedenen Interessen und Bedürfnissen wieder:

- die Interessen und Bedürfnisse der Teilnehmenden
- die Interessen und Bedürfnisse der Outdoor Veranstalter
- die Interessen und Bedürfnisse der Auftraggeber (Unternehmen, Schule, Vereine usw.)
- und letztlich unsere eigenen Interessen und Bedürfnisse als Guides

Beginnen wir mit den Teilnehmenden: für Erholungssuchende Menschen stehen der Naturgenuss und die Entspannung im Vordergrund. Sie möchten Zeit fürs Genießen oder Erkunden haben und wollen Hetze vermeiden. Ökologisch interessierte Menschen besuchen Waldführungen und Wildbeobachtungen, um sich mit der Natur und ihren ökologischen Belangen zu beschäftigen. Menschen in Übergangssituationen oder in Lebenskrisen suchen oft die freie Natur für Auseinandersetzungen mit Sinnfragen des Lebens. Gerade die Natur ist voll von Sinnbildern auf das Leben und kann zur Muße, Entschleunigung und Reflektion einladen. (Rohwedder, 2020).
Wer Ausgleich vom Alltag möchte, sucht Unterhaltung, Ablenkung, gemeinsame Gruppenerlebnisse und vor allem Spaß ohne Tiefgang oder Muße.
Sportler werden durch die Suche nach Leistung und Wettbewerb motiviert, denn sie wollen sich messen: entweder gegen die Zeit, gegen die Natur, gegen Andere oder um sich selbst

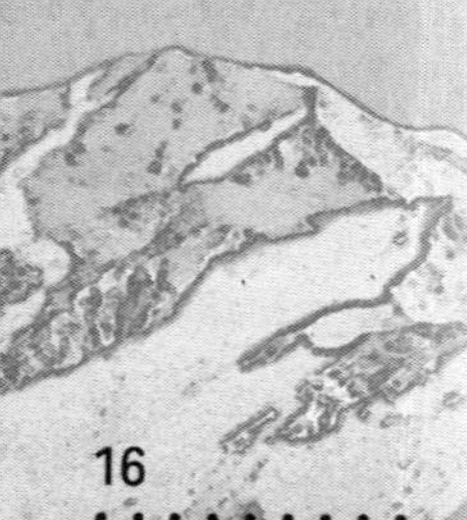

etwas zu beweisen. Risikosportler stellen sich bewusst persönlichen Herausforderungen, die ihnen Nervenkitzel, Thrill und damit Adrenalinschübe ermöglichen können.

Viele Firmen nutzen Outdoorprogramme im Rahmen der betrieblichen Weiterbildung und unterstützen damit Teambuilding, Teamentwicklung oder Kommunikations- und Führungstrainings. Auftraggeber aus Firmen stellen oft hohe Erwartungen an die Sicherheit der Programme, an die Qualität der Moderation und an die Ergebnissicherung. Doch nicht jedem Teilnehmer erschließt sich sofort der Sinn und Bezug zum beruflichen Alltag und viele Mitarbeiter sind oft unfreiwillig dabei. Dieser fremdbestimmte Umstand kann dann scheu, unsicher oder schlicht negativ besetzt sein und Befürchtungen oder Widerstände auslösen.

Letztlich haben wir als Guides auch unsere eigenen Motive, warum wir dieser Tätigkeit nachgehen: wir arbeiten möglicherweise lieber in der Natur, wie im Büro und wollen unser Hobby zum Beruf machen. Vielleicht suchen wir bewusst die Geselligkeit von Gruppen und genießen es, im Mittelpunkt stehen zu können usw.

Wenn wir abschließend den Blick auf die Motive der Outdoor Veranstalter richten, so kann vereinfacht zwischen den rein kommerziellen Interessen der Spaß und Freizeit orientierten Programme und dem Anspruch nach Bildung und Persönlichkeitsentwicklung unterschieden werden. Dies lässt sich über das *„Modell der Handlungsmotivation"* von Einwanger in einer groben Übersicht gut darstellen. (Einwanger, 2005)

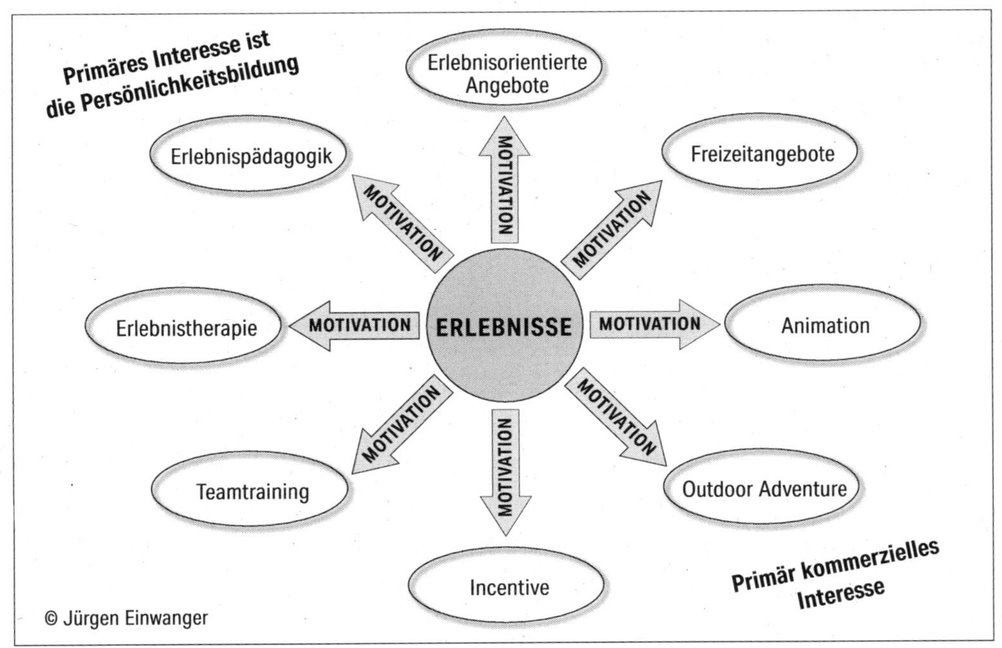

Durch die Motive der Teilnehmenden, der Auftraggeber, der Veranstalter und der Guides entsteht letztlich ein Pool von unterschiedlichen Erwartungen, Zielen oder auch Befürchtungen. Da sich die Programme in der Natur abspielen, werden sie noch von Rahmenbedingungen wie Wetter, Naturgewalten, ökologische Belange, rechtliche Grundlagen, hygienische Herausforderungen und kulturelle Aspekte beeinflusst.

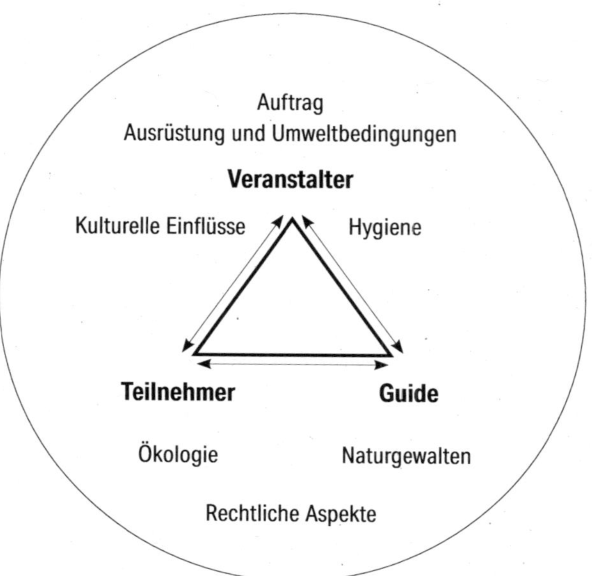

Die Anregung für diese Darstellung habe ich von Dr. Martin Schwiersch bekommen.

Leadership Outdoor soll im weiteren Verlauf als Fähigkeitsspektrum beschrieben werden, diesen Facettenreichen Situationen angemessen begegnen zu können. Dabei erscheint mir die Unterscheidung in **Sach- oder Aufgabenorientierung** und **Personen- oder Beziehungsorientierung** nach Hersey und Blanchard (Blanchard et al., 1986; Hersey, 1986) sinnvoll, ebenso die Unterscheidung in **Führen und Leiten**.

1.1 Führen von Gruppen – Sach- und Aufgabenorientierung

Führen bedeutet, auf Aufgaben und Ziele einzuwirken, damit diese umgesetzt und erreicht werden können. Beim Führen sind die Programmplanung und die Entscheidungsfindung eine zentrale Angelegenheit des Guides, die er in erster Linie nicht mit Teilnehmenden diskutieren muss. Er gibt Anweisungen, erläutert Regeln und sorgt für deren Umsetzung. Weiter obliegt ihm die typischen Sorgfaltspflichten wie das Einholen relevanter Informationen über aktuelles Wettergeschehen, Verhältnisse vor Ort, Zustand der Wege oder Gewässer, Lawinengefahr im Gebiet oder Seilgarten Check sowie die Ausrüstungskontrollen.

Alle „führungstechnischen Verhaltensweisen" im Gelände, wie beispielsweise Sicherheitswesten anlegen, Abstände einhalten oder Helm aufsetzen usw., müssen vom Guide klar erkannt und angeordnet werden. Auch die Wahl und Häufigkeit von Pausen gehören zu seinen Aufgaben.

Führen bedeutet

- Orientierung an Zielen – *„Wir gehen jetzt ..."*
- Orientierung an Aufgaben – *„Wir machen jetzt ..."*
- Risikotransparenz – *„Folgende Risiken erwarten uns ..."*
- Sicherheitsregeln – *„So verhalten wir uns ..."* (Instruktion)
- Zeitmanagement – *„Solange sollten wir brauchen ..."*
- Sanktionssystem – *„Das passiert, wenn die Regeln nicht beachtet werden ..."*

Wer führt, gibt also ein Ziel und den Weg dorthin vor. Die Vorteile beim Führen sind unter anderem die schnelle Entscheidungsfindung und eine klare hierarchische Struktur. Beim Führen können einzelne Aufgaben delegiert werden, die Delegation obliegt aber dem Guide.
Diesen Führungsstil findet man tendenziell bei Bergführern, in der Armee, der Polizei und den Hilfsorganisationen wie Feuerwehr, THW und dem Rettungsdienst wieder. Die Führungsperson übt ihre Macht- und Einflussposition durch Führung aus. Die Nachteile beim Führen liegen in der Einschränkung individueller Entfaltungs- und Entscheidungsspielräume der Geführten.

Führen können erfordert folgende Fähigkeiten:

- Klarheit über Richtung und Ziel
- Fachkenntnis und Selbstbewusstsein
- Entscheidungsfähigkeit
- Sorgfalt und Kontrolle
- Bereitschaft Verantwortung zu übernehmen und/oder zu delegieren
- Mut, Entschlossenheit und Durchsetzungsvermögen
- Klare und eindeutige Kommunikation
- Unpopuläre Entscheidungen aushalten können *(„Einsamkeit des Führers")*

Gurte anlegen lassen und kontrollieren

1.2 Leiten von Gruppen – Teilnehmer- und Beziehungsorientierung

Das **Leiten** möchte ich aus dem Begriff des Begleitens herleiten. Leiten berücksichtigt gegenüber dem Führen mehr die Interessen und Bedürfnisse der Teilnehmer. Somit wird den Teilnehmenden Möglichkeit gegeben, sich in die Programmgestaltung oder in Entscheidungsprozesse stärker einzubringen. In den Erziehungs- und Bildungszielen des Deutschen und Österreichischen Alpenvereins beispielsweise wird das Bergsteigen mit Jugendlichen mehr als ein Medium gesehen. Ein Berggipfel gibt hierbei also einen Rahmen oder eine Richtung vor. Unterwegs sein bedeutet *„auf dem Weg zu sein"* und dieser Weg ist bereits schon ein wertvolles Lernfeld. *„Die Förderung einzelner Gruppenmitglieder in ihrer individuellen Kompetenzfindung ..."* steht dabei mindestens gleichwertig, wie ein zu erreichendes Sachziel. (Einwanger, 2005)

Leiten bedeutet

- Programme mitgestalten lassen – *„Was wollt Ihr machen?"* (Ideen, Vorschläge ...)
- Bedürfnisse berücksichtigen – *„Was ist Euch dabei wichtig?"*
- Unterschiedlichkeit zulassen – *„Wie wollt Ihr mit Meinungsverschiedenheiten umgehen?"*
- Kooperation fördern – *„Wer hilft mit bei ...?"*
- Verantwortung teilen – *„Wer kann welche Verantwortung übernehmen?"*
- Soziale Regeln erarbeiten – *„Welche Vereinbarungen sind für Euch wichtig?"*
- Sanktionen erarbeiten – *„Was tut Ihr, wenn?"* (Vgl. Gruppenvertrag Kap. 2)

Leiten unterstützt die Kooperation untereinander, öffnet Entscheidungs- und Gestaltungsspielräume und fördert somit die Identifikation der Teilnehmenden mit den gestellten Aufgaben. In erlebnispädagogischen Programmen wird häufig nach einer kurzen fachlichen Einweisung wie etwa in die Kartenkunde, den Teilnehmern Verantwortung über die Wegfindung übertragen. Durch das zurückhaltende Verhalten der Leitung, bekommen die Teilnehmenden eine Chance zu eigenen Lernerfahrungen. Aus Sicherheitsgründen muss der Grad der Übernahme von einer Aufgabenverantwortung für die Teilnehmenden jedoch zumutbar sein und die Leitung muss bei Sicherheitsbedenken einschreiten können.

Leiten können erfordert folgende Fähigkeiten:

- Einfühlungsvermögen für Menschen und deren Motive.
- Teilnehmern und Gruppen im Programm Entscheidungsspielräume zugestehen.
- Verantwortung für einzelne Aufgaben abgeben können.
- Sich selbst dabei zurücknehmen können.
- Dennoch Übersicht behalten und falls nötig Eingreifen und Moderation übernehmen.
- Gruppen sich selbst überlassen können.
- Aushalten können von „kreativem Chaos".

Gruppe am Klettersteig unterwegs

1.3 Führen und Leiten als differenziertes Handlungsspektrum

Nach der Unterscheidung zwischen Führung und die darin implizierte Aufgabenorientierung, sowie Leitung und die implizite Beziehungsorientierung, möchte ich mich nun dem Spektrum an unterschiedlichen Stilen für das konkrete Handeln zuwenden.

Dabei verfolge ich drei Ziele:

- Das Handeln beim Führen und Leiten soll differenziert beschrieben werden.
- Die Verteilung von Verantwortung kann damit besser geklärt werden.
- Ich möchte für situativ flexible Leadership Kompetenzen werben.

Zwischen Führen und Leiten lässt sich ein Spektrum verschiedener Stile mit den Polen Autoritärer Stil auf der einen Seite und Laissez Faire Stil auf der anderen Seite darstellen.
Für die Arbeit in Outdoorprogrammen halte ich folgende Beschreibung für sinnvoll:

Outdoor Leadership

Führen	**Leiten**
Sach- und Aufgabenorientierung Hierarchisch geprägt	Personen- und Beziehungsorientierung Demokratisch geprägt

autoritärer Stil	**direktiver Stil**	**integrativer Stil**	**demokratischer Stil**	**laissez-faire-Stil**
Durchsetzung mit aller Macht	Richtung vorgeben	Zusammenführen der Zielvorstellungen	hohe Mitbestimmung	Leitung zieht sich zurück

Zunahme von Machteinfluss ← → **Zunahme von Eigenverantwortung**

1. Der autoritäre Stil
Dieser Stil ist sehr hierarchisch und von großem Machteinfluss geprägt. Er verfolgt sach- und aufgabenbezogene Ziele, die ohne Kompromisse und notfalls auch mit Strenge durchgesetzt werden. Eine Entscheidungsmitbeteiligung von Teilnehmern ist von vorne herein ausgeschlossen.

Vorteile:

- Die Verantwortung liegt zentral beim Guide.
- Die Ansagen und Anordnungen sind klar und streng.
- Entscheidungen werden sofort umgesetzt.
- Regeln werden durchgesetzt und deren Verstöße unter Umständen sanktioniert.

Nachteile:

- Keine Orientierung an den Bedürfnissen der Teilnehmenden.
- Entscheidungen werden nicht begründet.
- Bevormundung der Teilnehmer, die die eigene Lernerfahrung und die Entwicklung zur Selbstständigkeit behindert.
- Fehler werden bestraft und nicht als Chance gesehen, andere Möglichkeiten zu entwickeln. Dadurch kann eine „Angst vor Fehler-Kultur" entstehen.

Der autoritäre Führungsstil legitimiert sich meiner Auffassung nach ausschließlich in folgender Situation:
Die Gruppe befindet sich in einer Gefahrenzone und muss sofort raus. Es sind klare Verhaltensweisen, die zeitnah ausgeführt werden müssen zwingend erforderlich. Diese wurden eindeutig angeordnet und sind auch verstanden worden. Sie werden jedoch nicht befolgt. Das autoritäre durchsetzen der Maßnahmen ohne „Wenn und Aber" ist dann völlig legitim.

Der autoritäre Stil ist nicht unbedingt dasselbe wie **Autorität**. Ein Mensch stellt aufgrund seines fachlichen Könnens und seines Ansehens eine Autorität dar. Er kann sich obendrein autoritär verhalten, muss es aber nicht. Letztlich ist das Motiv für sein autoritäres Handeln und der Kontext, in dem der Guide agiert, entscheidend.

2. Der direktive oder Richtung weisende Stil

Im direktiven Stil gibt der Guide ebenfalls klare Anordnungen und verteilt eindeutige Aufgaben, er schließt jedoch eine Entscheidungsmitbeteiligung der Teilnehmer nicht von vorne herein aus.

Vorteile:

- Die Verantwortung liegt ebenfalls zentral beim Guide.
- Dadurch ist eine schnelle Entscheidungsfindung möglich.
- Der Tonfall ist sachlich und auf die Aufgabe konzentriert.
- Die Anweisungen werden je nach Situation begründet.
- Falls es Einwände oder Bedenken seitens der Teilnehmenden gibt, hört der Guide zu und integriert, falls aus seiner Sicht sinnvoll, diese Überlegungen.

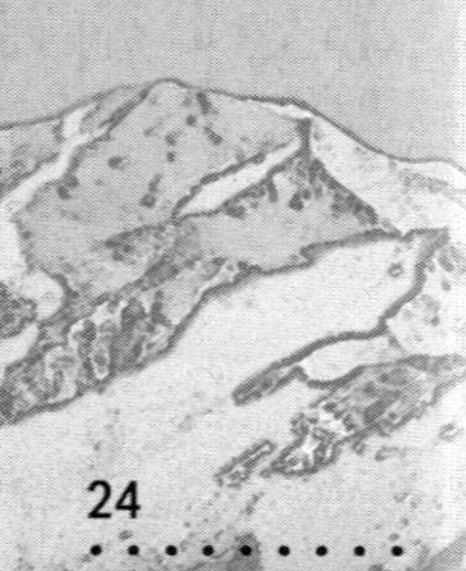

Nachteile:

- Es gibt wenig Orientierung an den Bedürfnissen der Teilnehmenden.
- Die Eigenverantwortung und die Selbständigkeit der Teilnehmenden werden behindert.

In Situationen, in denen es um Klarheit, die Sicherheit der Teilnehmenden geht oder in Not- und Krisensituationen, ist der direktive Stil angemessen.

Da sowohl der autoritäre als auch der direktive Stil von einem hierarchischen Selbstverständnis ausgehen, kann es problematisch sein, wenn sich die beiden Stile nachhaltig auf das Selbstbild des Führenden auswirken. Er kann nämlich zu der Überzeugung kommen, er sei tatsächlich immer nur der Einzige mit einer richtigen Gefahrenwahrnehmung und alleiniger Entscheidungskompetenz. Die Gefahr besteht in kritischen Situationen darin, dass der Führende *„... sich allen Bedenken bzw. Gegenargumenten verschließt und ungerechtfertigter Weise zu sehr seiner eigenen, selektiven Wahrnehmung vertraut."* (Streicher, 2004, S. 19). Ein vertiefendes Hintergrundwissen zum Thema Wahrnehmung und Fehlwahrnehmung wird noch in Kap.2.3 und in Kap. 3.5 ausführlicher dargestellt.

3. Der laissez-faire Stil

Der Laissez Fair Stil steht den ersten beiden Stilen diametral gegenüber und bedeutet „machen lassen und gewähren lassen". Der Einfluss des Guides geht stark zurück und tritt kaum noch in Erscheinung. Das muss aber nicht unbedingt Gleichgültigkeit bedeuten. Gerade in Outdoorprogrammen kann Gleichgültigkeit schnell zur Fahrlässigkeit werden. Da wir aber in diesen letztlich immer die Gesamtverantwortung tragen, möchte ich den Laissez-Faire Stil auch in diesem Zusammenhang verstanden wissen. Von einem völligen Rückzug und gleichgültigen Verhalten kann also nicht die Rede sein.
Der Guide hat für Klarheit der Programminhalte sowie den dazugehörigen Aufgaben gesorgt und beobachtet dann aus einer distanzierten Position die Aktivitäten der Teilnehmer. Dabei stoppt er lediglich bei sicherheitsrelevanten oder anderen eklatanten Fehlern. In Gruppenselbststeuerungsprozessen (vgl. Kap 2.7.1) ist dieser Stil durchaus angemessen.

Vorteile:

- Es entsteht ein hohes Maß an Eigeninitiative und Lernerfahrung für die Teilnehmer („learning by doing").
- Dadurch steigt die Bereitschaft, Verantwortung zu übernehmen.
- Es kommt zu einer Selbstzuschreibung von Erfolgen, aber auch von Misserfolgen.

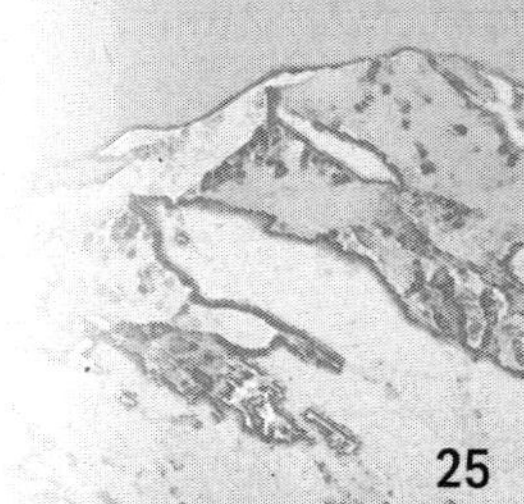

Nachteile:

- Bei mangelnder Erfahrung der Teilnehmer entstehen oft chaotische Zustände oder Ergebnisse, die auf keinen Fall sicherheitstechnisch relevant sein dürfen.
- Ohne Moderationskompetenz in der Gruppe gibt es oft endlose Diskussionen.
- Unter Umständen entsteht dadurch ein hohes Konfliktpotential.

Beispiel:

Eine Studentengruppe soll am Ende einer einwöchigen erlebnispädagogischen Studienfahrt eine 2 Tagestour im Gebirge auf einer Selbstversorgerhütte eigenverantwortlich planen und durchführen. Die Guides haben die ersten Tage der Woche der Gruppe notwendiges Outdoor- und Projektwissen vermittelt und ihr geholfen, Vereinbarungen im Umgang miteinander zu treffen. Auf Tour, also im Projekt selber, gehen sie nun als stille Beobachter mit. Für die Gruppe bedeutet diese Situation, sich mit allen Fähigkeiten und Absprachen im Sinne einer Performance bewähren zu können.
Kehrt man nun die Vorgehensweise um und geht mit dieser Studentengruppe zu Beginn der Woche mit den gleichen Anforderungen an Selbststeuerung und Verantwortung auf die Tour, entwickelt sich nach den Erfahrungen des Autors schnell eine chaotische Situation, in der häufig das Frustrationspotenzial steigt. Die entstehende Gruppendynamik bietet jedoch ein dankbares Feld und die „Aha Effekte" können helfen, zukünftige Projekte zu optimieren. Eine gute Nachbearbeitung auch im Sinne einer guten Konfliktmoderation, erfordert hier allerdings relevante Schlüsselqualifikationen der Guides.

Selbstversorgersituation

Besitzen Gruppen also nicht eine für die Aufgabenstellung erforderliche Erfahrung und „Reife" (vgl. Kapitel 2.7 Dynamik und Entwicklung in Gruppen) im Sinne von Diskussionsfähigkeit, Konfliktfähigkeit und Moderationsfähigkeit zur Entscheidungsfindung, kann es sein, dass sie überfordert sind und möglicherweise eine Situation entsteht, die unter Sicherheitsaspekten nicht mehr vertretbar ist.

4. Der demokratische Stil

Wenn aus der Situation heraus eine Entscheidungsmitbeteiligung der Teilnehmer sinnvoll scheint oder zum pädagogischen Konzept dazu gehört, sollte sich der Machteinfluss des Guides zu Gunsten demokratischer Prozesse verringern. Die Rolle des Guides ist dann eher die eines Begleiters, der zu Diskussionen und Entscheidungsmitbeteiligungen auffordert und sich stärker auf die Moderation konzentriert.

Vorteile:

- Stärkere Eigenbeteiligung der Teilnehmer an Entscheidungsprozessen.
- Die Diskussionsfähigkeit wird in der Gruppe gefördert.
- Dadurch entsteht eine stärkere Beziehungsorientierung in den Programmen.
- Damit wächst die Eigen- und Aufgabenverantwortung der Teilnehmer.

Nachteile:

- Es entsteht ein größerer Zeitaufwand für Diskussionen.
- Bei unklarer Moderation oder ungenügender Moderationskompetenz entstehen oft langwierige und endlose Diskussionen.

Fallbeispiel:

Eine größere Alpenvereinsjugendgruppe plant für den Sommer einen einwöchigen Ausflug. Es gibt unterschiedliche Meinungen und Bedürfnisse, wie und wo die Woche verbracht werden soll (Mountainbiken, Klettern, Faulenzen ...). Schließlich setzt sich durch einen Mehrheitsbeschluss die Mountainbike Fraktion durch. Ein Teil der Minderheit fährt unzufrieden mit und ein anderer Teil bleibt zuhause. Die Gruppe ist aufgrund der knappen Mehrheit dennoch gespalten.

Praxistipp

Wenn demokratische Entscheidungsprozesse die Diskussionsfähigkeit steigern, ist der Unterschied zwischen einem Mehrheitsbeschluss und einer basisdemokratischen Entscheidung hilfreich. Beim Mehrheitsbeschluss besteht nämlich die Gefahr, dass Entscheidungen zu schnell getroffen werden oder die verbleibende Minderheit nicht wirklich zufrieden ist. Bei der basisdemokratischen Beschlussfindung sucht man nach Lösungen, die für alle Seiten annehmbar sind. Zwar muss oft länger diskutiert werden und die Ansprüche an Moderation und Gesprächsführung steigen, aber letztlich kommt eine Situation heraus, in der es keine Verlierer gibt (Win-Win Situation) und bei der die Kompromissfähigkeit des Einzelnen gefördert wird.

5. Der integrative Stil

Die Sachziele und Aufgaben werden hierbei gleichermaßen berücksichtigt wie die Bedürfnisse der Teilnehmenden. Der Einfluss des Guides ist dabei zu Gunsten einer Entscheidungsmitbeteiligung der Teilnehmer schwächer.
Die Grundhaltung eines Guides sollte also der Aufgabe oder dem Auftrag verpflichtet sein, aber situativ angemessen die Interessen der Teilnehmer berücksichtigen können.
Nach meinen Erfahrungen ist dieser Stil im Umgang mit Gruppen für die meisten Situationen der Angemessene.

Vorteile:

- Interessenskonflikte werden durch Ausgewogenheit von Aufgaben- und Personenziele eher vermieden.
- Der Stil ist demokratisch motiviert, sucht aber die Integration aller Ziele.
- Die Verantwortung über Entscheidungen wird von mehreren getragen.

Nachteile:

- Der Diskussionsbedarf steigt.
- Dadurch wird mehr Zeitbedarf zur Entscheidungsfindung nötig.
- Eine Moderation wird nötig.

Beispiel:

Wenn auf einer langen Bergtour eine Gruppe müde und lustlos wird, sinkt möglicherweise die Motivation den Berggipfel noch erreichen zu wollen. Wenn nun demokratisch entschieden werden sollte, wird die aktuelle Stimmung (nämlich Müdigkeit) den Entscheidungsprozess stark beeinflussen. Es ist dann durchaus sinnvoll, die Sachziele (Gipfel) noch einmal zu verdeutlichen und etwas „schmackhaft" zu machen. Nach meinen persönlichen Erfahrungen

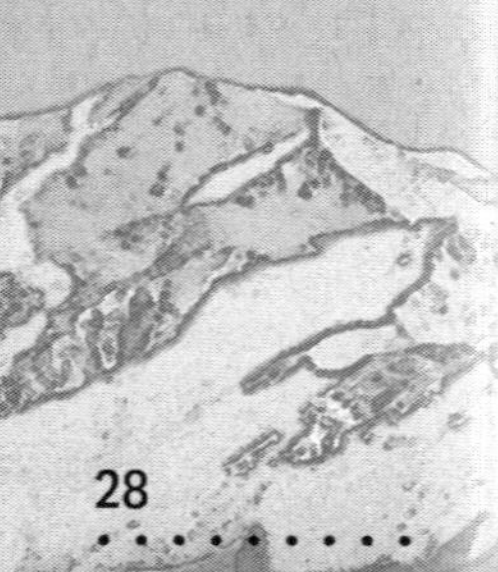

sind die meisten Teilnehmenden oft froh und stolz, wenn sie ihren inneren Schweinehund überwinden konnten.

Praxistipp

Abschließend möchte ich noch auf ein interessantes Arbeitsprinzip hinweisen, dass ich in der Ausbildung zum staatlich geprüften Berg und Skiführer gelernt habe, nämlich den **transparenten Führungsstil**. Transparent zu führen, bedeutet, Entscheidungen, Taktiken und Vorgehensweisen nicht nur zu kommunizieren, sondern auch zu erläutern. Durch diese Transparenz entsteht bei den Teilnehmern ein besseres Verständnis für die Situation allgemein, den Hintergrund der Entscheidung und die Beweggründe des Guides. Transparenter Führungsstil ist also ein „Steuerungsinstrument", das Spekulationen, Missverständnissen oder auch Enttäuschungen effektiver vorbeugen kann.

1.3.1 Persönliche und soziale Kompetenzen beim Führen und Leiten

Wie bereits erwähnt, soll das beschriebene Leadership Handlungsspektrum den vielfältigen Outdoorsituationen gerecht werden und stellt ein bewährtes „Steuerungsinstrument" dar. Nun möchte ich der Frage nachgehen, inwieweit bestimmte Persönlichkeitseigenschaften und Kompetenzen des Guides in seiner Arbeit hilfreich oder sogar wichtig sind.

Die Frage, ob Persönlichkeitseigenschaften eine gute Führungspersönlichkeit ausmachen, fasziniert Psychologen und Politikwissenschaftler schon seit langem. Eine der am bekanntesten Antworten darauf ist die *„Great Person Theorie"* (Aronson, Wilson, Akert; 2004, S. 341), die davon ausgeht, dass unabhängig von der gegebenen Situation bestimmte Schlüsseleigenschaften der Person einen guten Führer ausmachen:
Sie seien tendenziell etwas intelligenter, sind von einem Machtbedürfnis angetrieben, stellen sich charismatischer dar und haben mehr soziale Fähigkeiten.
Es wurde aber in Studien herausgefunden, dass es nur geringe Verbindungen zwischen den Charakteristiken eines Menschen und seiner Leistung in der konkreten Führungsposition gibt. Es sei also letztlich schwierig, allein aus den Persönlichkeitseigenschaften einer Person auf ihre Führungsqualitäten zu schließen. Ausgeglichenheit, Besonnenheit, Durchsetzungsvermögen oder auch Humor und Geselligkeit sind sicher förderliche Eigenschaften für die Tätigkeit als Guide. Hinweise, wie Persönlichkeitseigenschaften ausführlicher erkundet werden können, möchte ich dem Leser in Kapitel 2 „Hilfreiche psychologische Modelle für das Führen und Leiten" geben.

Wenn aber nun die Persönlichkeitseigenschaften nicht unbedingt der Schlüssel zu Führungsfähigkeiten sind, so spielen dennoch gewisse persönliche und soziale Kompetenzen dafür eine Rolle. Diese möchte ich nach Goleman, Boyatzis und McKee auszugsweise folgendermaßen darstellen:

- **Persönliche Kompetenzen**
  Dazu zählen Selbstwahrnehmung, Kennen lernen der eigenen Stärken und Schwächen, Kritikfähigkeit, emotionale Selbstkontrolle, kommunikative Fähigkeiten, Leistungsbereitschaft, Fähigkeit zur Durchsetzung, aber auch zur Anpassung, Aufrichtigkeit und Vertrauenswürdigkeit.
- **Soziale Kompetenzen**
  Dazu zählen Einfühlungsvermögen, aktives Interesse an anderen Menschen, Toleranz, Rücksichtnahme, zuhören können, ausreden lassen, sich auf Bedürfnisse einstellen können, Teamfähigkeit, Beziehungsnetze aufbauen können, Konfliktfähigkeit usw. („*Emotionale Führung*", D. Goleman, R. Boyatzis, A. McKee, 2002)

1.3.2 Leadership bei Männern und Frauen

Vor dem Hintergrund, dass wir als Guides auch in getrennt geschlechtlichen Teams arbeiten oder sich die Teilnehmenden während der Outdoorprogramme in Führungsaufgaben üben können, halte ich Unterschiede zwischen Männern und Frauen für ein durchaus wichtiges Thema. Doch mir ist bewusst, dass dieses schnell polarisierende Thema einem „Minenfeld" gleicht.
Obwohl es hier nicht erschöpfend behandelt werden kann, möchte ich es dennoch nicht unversucht lassen und einige mir sinnvoll erscheinende Aspekte aus Studien sowie meine eigenen Beobachtungen darzustellen. Damit soll eine Sensibilisierung vor allem bei denjenigen Lesenden angeregt werden, die sich noch nicht oder wenig damit beschäftigt haben.
Ein bekannter Stereotyp hinsichtlich der Unterschiede in weiblicher und männlicher Führung ist die Zuschreibung, dass Männer eher aufgabenorientiert und Frauen eher beziehungsorientiert führen. Dies unterstreichen amerikanische Studien, in denen herausgefunden wurde, dass Frauen mehr dazu neigen, demokratisch zu leiten, weil sie über bessere zwischenmenschliche Fähigkeiten verfügen. Sie seien insgesamt kommunikativer, können andere Personen besser in einen Entscheidungsprozess integrieren, aber falls nötig, deren Meinung auch taktvoll außer Acht lassen (Eagly & Johnson, 1990, S. 233-256). Somit seien Frauen für Führungsaufgaben im interpersonellen Bereich eher geeignet, wie Männer. Diese seien bessere Führungspersonen bei Aufgaben, die Fähigkeiten erfordern, Menschen zu dirigieren und zu kontrollieren. Viele Studien haben aber leider das Problem, dass Frauen anders beurteilt werden, wie Männer. Wenn der Führungsstil einer Frau beispielsweise eher dem maskulinen entspricht, so dass sie stark aufgabenorientiert und dominierend auftritt, wird

sie vor allem von Männern negativer beurteilt wie Männer mit gleichem Stil. Aronson, Wilson und Akert kommen zum Schluss, dass Männer sich mit Frauen nicht wohl fühlen, wenn diese die gleichen Führungsstile anwenden, die typischerweise von Männern angewendet werden (Aronson, Wilson, Akert; 2004, S. 345).

In einer anderen Studie befragte ein Augsburger Forscherteam zwischen 1993 und 1997 beruflich erfolgreiche Frauen mit Führungsverantwortung. Die Studie bestätigt die Annahme der Existenz unterschiedlicher Führungsstile von Frauen und Männern. *„Sie zeigt auf, dass Frauen, (...) Potenziale besitzen, die dem gesellschaftlich erwünschten und ökonomisch begründeten, innovativen und teamorientierten Führungsstil eher entsprechen als der traditionell männliche Führungsstil"* (Schauffler, 2000, S. 20). Die eher aufgabenorientierte Führung der Männer drücke sich dann auch eher als pyramidenförmiges und hierarchisches Selbstverständnis aus, während Frauen neben ihrer eher beziehungsorientierten Führung, Macht tendenziell als Verantwortung sähen und mehr innovative Fähigkeiten in Problemlöseprozesse einbrächten.
Allerdings müssen diese Ergebnisse insofern relativiert werden, da auch Frauen einen maskulinen Führungsstil annehmen können und auch Männer ausgezeichnete interpersonelle Fähigkeiten aufweisen können.
In Bezug zu den in Kapitel 3.5 noch folgenden Ausführungen über Wahrnehmung und Entscheidungsfindung ergeben sich hier interessante Diskussionsgrundlagen hinsichtlich Unterschiede in Entscheidungsfindungen bei Männern und Frauen.
Durch meine jahrelangen Beobachtungen von Männern und Frauen in Risiko- und Entscheidungssituationen komme ich persönlich zu dem Schluss, dass Frauen sich häufig mehr Zeit lassen (wollen) und mehrere Informationsquellen nutzen. Sie haben dadurch ein anderes „Tempo". Dies kann vor allem unter Zeitdruck als geringe Kompetenz interpretiert werden.

Unabhängig von der Geschlechterzugehörigkeit, möchte ich für Leadership Outdoor das Plädoyer ergreifen, sich ein breites Spektrum an Fähigkeiten anzueignen, um flexibel in Programmen und in unterschiedlichen Outdoor- und Gruppensituationen agieren zu können. Das bedeutet auch, sich im Leadership Team mit der Frage auseinanderzusetzen, wie ausgewogen die „männlichen und weiblichen Anteile" besetzt sind und in welchen Situationen das auch erforderlich sein sollte oder nicht.

Frauen in der Führungsrolle

1.4 Ängste und Widerstände gegen Führung oder Leitung

Führen und Leiten stellen also unterschiedliche Herangehensweisen und unterschiedliches Verhalten im Umgang mit Menschen dar. Nicht alle Teilnehmenden oder Gruppen lassen sich aber in gleicher Art und Weise führen oder leiten. Und nicht alle Menschen können führen oder leiten, obwohl das von ihnen, je nach Situation, erwartet wird.

1.4.1 Das Nein gegen das Führen

Widerstände des Guides, Führung zu übernehmen, können folgende Hintergründe haben:

- Mangelndes Selbstbewusstsein
- Angst, Verantwortung zu übernehmen
- Angst vor Fehlern
- Angst vor Ablehnung wegen falscher oder unbequemer Entscheidungen
- Hohes Sicherheitsbedürfnis, immer das Richtige tun zu müssen
- Fehlende Standards und Strategien für anspruchsvolle Situationen
- Mangel an Know How oder Erfahrung im Umgang mit unsicherem Wissen
- Angst vor der „Einsamkeit des Führenden"
- „Wir sind alle gleich" (primus inter pares)

Fallbeispiel:

Eine Gruppe Sozialpädagogen und Erzieher befindet sich auf einer mehrtägigen Bergtour im Rahmen einer Zusatzausbildung für Erlebnispädagogik. Die Gruppe kennt sich bereits aus vorangegangenen Modulen und dies ist nun ihr Abschlusskurs. Eine der im Kurs vorgesehenen Aufgaben ist die Planung und Durchführung einer mehrtägigen Bergtour mit Übernachtung in Selbstversorgersituation. Die Durchführung solch einer Tour braucht eine gewisse Struktur in den Abläufen und vor allem Klarheit für die Gruppe, was wann läuft oder welche Aufgaben zu erledigen sind. Doch niemand aus der Ausbildungsgruppe möchte sich exponieren und gewisse Aufgaben übernehmen. Niemand aus der Gruppe traut sich durch eine eigene Meinung oder einer klaren Position Farbe zu bekennen und den anderen Teilnehmenden Vorschläge oder Ansagen zu machen.

Nach den Erfahrungen des Autors ist das ein häufig zu beobachtendes Phänomen von „primus inter pares", also des Ersten unter Gleichen. Gruppen brauchen immer Leitung oder auch Führung, je nach Situation und aus gruppendynamischer Sicht geschieht das meistens verdeckt sowieso. Aber um sich zu exponieren gehört eine gewisse Portion Mut oder wie in diesem Fall ein gemeinschaftliches Verständnis darüber, dass auch unter Gleichen Führung in Ordnung ist. Es ist ja zunächst nur eine Rolle und Aufgabe, die der Gruppe helfen kann, ihr gemeinsames Ziel zu erreichen.

Aus der Sicht der Geführten gibt es oft unterschiedlichen Ansprüche und Erwartungen an die Führung. Werden diese nicht erfüllt, kann es zu Widerständen kommen, die bis hin zur in Fragestellung der Führungsperson reichen können. Hinter dem Widerstand stecken häufig folgende Bedürfnisse oder Ängste:

- Sicherheitsbedürfnis ist höher, wie die gegenwärtigen Sicherheitsmaßnahmen
- Mangelnde Kommunikation oder Transparenz
- Hohes Kontrollbedürfnis
- Fachlicher Zweifel an der Führungsperson
- Unbehagen, sich beugen oder unterordnen zu müssen
- Angst vor Verlust der persönlichen Freiheit und Eigenbestimmung
- Mangelnde Akzeptanz des anderen Geschlechts in der Führungsrolle

Fallbeispiel:

Auf einer geführten Skidurchquerung, die von einer Bergschule für Gruppen angeboten wurde, ist einer der Teilnehmer anwesend, der beruflich eine hohe Managementposition inne hat. Er ist es gewohnt selber zu führen und hat sich ein eigenes, wenn auch amateurhaftes, Wissen über Lawinengefahr angeeignet. Jeden Tag lässt er sich vor der Gruppe vom Bergführer den Lawinenlagebericht zeigen, deutet ihn selbstständig und jede Entscheidung des Bergführers wird vor der Gruppe geprüft.
Dieses Verhalten ist unangemessen, da es sich nicht um einen Ausbildungskurs, sondern um eine Führung handelt. Es ist möglicherweise durch ein starkes Kontrollbedürfnis beeinflusst und von dem Widerstand, sich unterordnen zu müssen.
Wie der Guide in dieser Situation mit seinem Kunden nun umgehen kann, wird am Ende des nächsten Abschnittes dargestellt.

1.4.2 Das Nein gegen das Leiten

Guides, die es aufgrund ihrer Ausbildung oder Sozialisation eher gewohnt sind zu führen, bringen häufig Widerstände gegen das demokratisch orientierte Leiten mit. Diese Widerstände können vor folgendem Hintergrund betrachtet werden:

- Hohes Sicherheits- und Kontrollbedürfnis des Führenden
- Angst, das eigene Handeln hinterfragen zu müssen
- Angst vor Mitbestimmung der Teilnehmer
- Angst vor Autonomie in Gruppen

Wenn Teilnehmende oder die ganze Gruppen Widerstände gegen den Leitungsstil zeigen, können folgende Bedürfnisse darin stecken:

- Bedürfnis nach Hierarchie und Verantwortungsübernahme eines Führers
- Bedürfnis nach eindeutiger Sicherheitsverantwortung
- Bedürfnis nach Zielerreichung
- Keine Lust auf Entscheidungsmitbeteiligung
- Keine Lust auf Diskussionen
- Mangelndes Vertrauen in die Leiterperson
- Mangelnde Akzeptanz des anderen Geschlechts in der Leitungsrolle

1.5 Auftrags- und Rollenklärung

Nur wenn die Erwartungen klar sind, können auch die Aufgaben und die Rollen klar sein. Insofern braucht jeder Guide eine gute Auftragsklärung um Widersprüche, Missverständnisse, Enttäuschungen oder auch Unfälle verhindert werden können.

Folgende Fragen sind für eine erste Klärung hilfreich:

- Wie lautet der Auftrag genau?
- Welche Erwartungen sind damit verbunden?
- Von welchen Personen kommen diese Erwartungen?
- Welchen Aufgaben muss ich dabei erfüllen?
- Welche Rolle/n habe ich letztlich?
- Wie stimmig ist der Auftrag letztlich für mich?

Bei den Aufgaben gibt es oft „offizielle" Aufgaben, die aus dem Auftrag heraus definiert sind, oft aber auch inoffizielle Aufgaben. Die Inoffiziellen entstehen durch Lücken und Freiräume des Auftrages und werden subjektiv hineininterpretiert.

Beispiel:

Als Beispiel kann hier eine Kanutour genannt werden. Die Aufgaben werden hinsichtlich der Örtlichkeit, der Länge der Tour, der Materialbeschaffung, der Sicherheitseinweisung, der Führung auf dem Gewässer und für eventuell notwendige Rettungsmaßnahmen beschrieben. Auch die Gruppengröße ist hier festgehalten und die Einhaltung verschiedener Sicherheitsstandards, die der Veranstalter vorgibt.

Im Auftrag steht nicht beschrieben, ob ein Feuer machen auf einer Sandbank zur Pause vorgesehen ist, ob Seitenarme erkundet werden können, ob interaktive Spielformen bei der Kanutour genutzt werden usw. Inoffizielle Aufgaben können für ein Programm sehr bereichernd, aber auch hemmend oder sogar widersprüchlich und riskant sein.

Beeinflusst werden diese Aufgaben noch vom eigenen Rollenverständnis des Guides. Der Rollenbegriff definiert sich über die Art und Weise, wie die Aufgaben durchgeführt oder „ausgefüllt" werden. Rollen offenbaren also ein Verhaltensrepertoire, das aus der seelischen Prägung des Rollenträgers heraus erklärt werden kann und verkörpern damit gewisse Verhaltenswahrscheinlichkeiten.
Wenn der Guide einen sehr herzlichen Charakter hat, wird er in seiner Arbeit fürsorglich mit den Teilnehmern umgehen. Er nimmt also die Rolle des „Kümmeres" an. Wenn der Guide eine fürsorgliche Frau ist, wird sie eher die Rolle der „Mütterlichen" annehmen. Im Gegensatz dazu wäre der „Forderer" jemand, der seine Rolle als jemand versteht, Teilnehmer und Gruppen im-

mer an ihre Performance zu erinnern oder an ihre Leistungsgrenze bringen will. Der „Softie" wäre jemand, der Konfrontationen mit Teilnehmern eher aus dem Weg geht usw.

1. Offizieller Aufgabenbereich Erwartungen an den Guide
Kommunikation mit dem Guide
2. Inoffizielle Aufgaben Gestaltungs- und Interpretationsspielraum des Guides
Rollenverständnis des Guides

Die Art und Weise, wie wir unsere Rolle ausfüllen, wird beeinflusst von verschiedenen Rollenvorbildern, denen wir begegnet sind oder mit denen wir in unserer Ausbildung zum Guide zu tun hatten. Letztlich ist aber für das eigene Rollenverständnis die eigene Authentizität wichtig. Eine Führungskraft wird dann als authentisch erlebt, wenn sie in Übereinstimmung mit ihren Überzeugungen handelt und sich und anderen nichts vormacht.

1.5.1 Erwartungskonflikte

Wie bereits zu Beginn dieses Kapitels erwähnt, kann durch die Erwartungen der Auftraggeber, der Veranstalter, der Teilnehmenden und letztlich auch der Guides vor allem durch mangelnde Kommunikation ein Pool von Unklarheiten, unterschiedlichen Erwartungen oder auch Befürchtungen entstehen, die in der Summe ein Konfliktpotenzial darstellen.

- Sie können den Veranstalter betreffen, der den Auftrag vom Auftraggeber (Firmen, Schulen, Vereine etc.) nicht eindeutig klärt.
- Sie können vom Veranstalter nicht deutlich genug an den Guide kommuniziert werden.
- Sie können die inoffiziellen Aufgaben betreffen, die der Guide übernimmt.
- Das können Erwartungen der Teilnehmenden sein, die andere Vorstellungen haben.
- Das können aber auch Rollenkonflikte des Guides sein, wie etwa bei innerer Zerrissenheit oder weil Zweifel über die Erfüllung der Aufgaben bestehen.

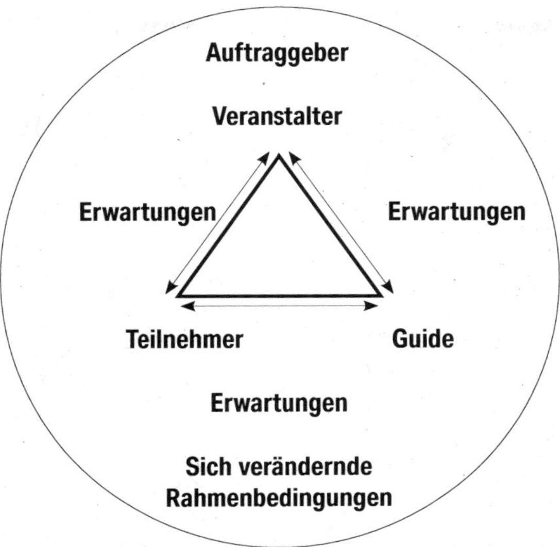

Beispiel:

Ein Bergführer auf einer Expedition ist nicht nur Bergführer, sondern zugleich auch Reiseleiter. Die Bergführer Funktion ist unstrittig gekennzeichnet durch seine Ausbildung, seine Fachkompetenz und seine alpine Erfahrung. Inwieweit es seine Aufgabe ist, die Gruppe am Seil auf den Berg zu führen, oder als Berater und Begleiter zu fungieren, hängt von der Art der Expedition ab und muss vorab mit dem Veranstalter geklärt werden.
An den Expeditionsleiter werden aber auch Erwartungen hinsichtlich Logistik, Reisablauf und zu Kenntnissen über Land und Leute gestellt. Hier muss er also eine Reiseleiter Funktion annehmen.
Er ist aber nicht auch noch gleichzeitig Koch für die Gruppe. Ebenso muss er nicht permanent im Lager aufräumen oder putzen. Erwartungen werden in der Regel zum (Gruppen-) Thema, wenn sie nicht erfüllt oder befriedigt werden. Dann muss in einem Gespräch für eine Klärung gesorgt werden.

In manchen Outdoor Situationen können sich allerdings die Rahmenbedingungen so verändern, dass sie Unklarheiten provozieren und einen erheblichen Einfluss auf die Sicherheit haben. Das folgende Beispiel legt Zeugnis davon ab, wie es unter Umständen zu einer Katastrophe hätte kommen können.

Fallbeispiel:

Ein junger Bergführeraspirant erhält von einer Bergschule den Auftrag eine Wochenendfortbildung zum Thema Wasserfalleisklettern mit 5 Personen durchzuführen. Das gebuchte Wochenende naht, doch das Wetter verschlechtert sich durch heftige Neuschneefälle. Die Lawinenwarnzentrale gibt zum Wochenende die höchste Lawinenwarnstufe (Stufe 5) aus. Der junge Aspirant erkennt wohl die Gefahr. Aber er traut sich nicht, die Aufgaben zu variieren und als Alternative mehr Theorie zu unterrichten, was aus Sicht des Kunden eine unpopuläre Entscheidung darstellen könnte. In seinem Rollenverständnis fehlt also die Abgeklärtheit des „Durchsetzers", der eine mögliche Unzufriedenheit in der Gruppe aushalten kann. Da der Leiter der Bergschule nicht erreichbar ist, geht er mit der Gruppe ein nicht mehr wirklich zu kalkulierendes Risiko ein.

Dieser Fall ist auch aus der Perspektive des Risikomanagements und der Organisationsverantwortung interessant. Die Wetterverschlechterung war vorhersehbar, so dass ein anderer Austragungsort frühzeitig hätte umgebucht werden können. Der Bergschulleiter hätte die Entscheidungsproblematik vorhersehen und dem jungen unerfahrenen Aspiranten beistehen müssen.

1.5.2 Auftrags- und Rollenklärung aus Sicht des Guides

Für eine Auftrags- und Rollenklärung möchte ich folgende Anregungen geben, die sich bewährt haben:

- Wie definiert mein Auftraggeber meine Aufgabe? (Führer, Leiter, Eventmanager, zugleich Materialwart, Unterhalter im Abendprogramm usw.)
- Wie verstehe ich meine Aufgabe? (offiziell und inoffiziell)
- Habe ich als freiberuflicher Guide einen Vertrag, in dem meine Aufgaben, die Versicherungsfragen und mein Honorar klar geregelt sind?
- Welche Vorstellungen oder Erwartungen haben die Teilnehmenden?
- Wie verstehen diese meine Aufgaben?
- Welche Rolle muss ich in dem Programm einnehmen?
- Wie kommuniziere ich meine Aufgabe und meine Rolle an alle Beteiligten?
- Wo lasse ich mich manchmal von Teilnehmenden „über den Tisch" ziehen?
- Was mache ich auf keinen Fall?

Das Erkennen des eigenen Rollenverhaltens ist nicht ganz einfach und setzt einerseits die Bereitschaft voraus, sich mit sich selber auseinanderzusetzen und sein Verhalten und seine Wirkung auf andere zu reflektieren. Auf der anderen Seite sind es aber gerade die Rückmeldungen von Kollegen oder auch Teilnehmern, die dieses Erkennen erst möglich machen. Tipps im Umgang mit konstruktiven Rückmeldungen und Feedback beschreibe ich im Kapitel 2.3 „Fremdwahrnehmungen als Korrektiv".
Das Rollenverhalten in Gruppen wird in Kapitel 2.6.5 noch eingehender beschrieben.

Der Teilnehmer der Skidurchquerung im vorangegangenen Abschnitt (S. 33) verhielt sich aus der Erwartung des Guides unangemessen, da er ja eine Führung gebucht hatte.
Es ist nun eine Frage des Selbstverständnisses des Bergführers und das der Bergschule (etwa Kunden gewinnen um jeden Preis), wie er damit umgeht. Er kann seine Aufgabe als Guide so definieren, dass er sich von den Erwartungen des Teilnehmers abgrenzt, da es sich um eine Führung handelt und der Teilnehmer sich darauf einlassen muss. Er kann aber in seiner Führungsaufgabe den Führungsstil mehr integrativ definieren. Dann würde er dem Kunden die Möglichkeit geben, sich mehr Wissen über Lawinenkunde und Entscheidungsstrategien anzueignen. Diese wäre möglicherweise sogar Vertrauensfördernder. Wichtig ist in diesem Zusammenhang die eigene Klarheit darüber, wie man seine Aufgabe und Rolle versteht und welche Forderungen von Teilnehmern „verhandelbar" sind.

Praxistipp

Nach meinen Erfahrungen ist es besonders hilfreich, wenn gleich am ersten Tag eines Outdoorprogramms die Aufgabenbereiche des Guides und damit auch die Verantwortungsbereiche mit den Teilnehmern besprochen werden. Dieser frühzeitig gesetzte „Standard" hat den Vorteil, dass nicht immer wieder nachverhandelt werden muss.
In erlebnispädagogischen Programmen wird gerne auch mit einem „Gruppenvertrag" gearbeitet. Anregungen hierzu kann sich der Leser im Kapitel 2.6.4 Gruppendynamik holen.
Je nach Zielgruppe kann es auch hilfreich sein, Konsequenzen bei Regelverstößen transparent zu machen. Im schlimmsten Fall muss nämlich ein Teilnehmer wegen massiven Regelverstößen aus dem Programm ausgeschlossen werden.

1.6 Kommunikation beim Führen und Leiten

In der Arbeit als Guide sind wir immer in Kontakt mit den sich uns anvertrauten Personen. Und dabei wird immer kommuniziert. Man kann im Grunde genommen sogar gar nicht **nicht** kommunizieren (Watzlawick 1969). Jedes gezeigte und unterlassene Verhalten hat Mitteilungscharakter und man muss nicht immer etwas sagen, um etwas zu sagen.
In kritischen Situationen wird vom Guide rasches und Aufgaben bezogenes Entscheiden und Handeln gefordert. Ein besonnener und nachdenklicher Guide, der sorgfältig seine Informationen sammelt, gewichtet und dann eine logische Schlussfolgerung zu ziehen versucht, wird allerdings eher als zögerlich gesehen und sein bedächtiges Verhalten möglicherweise als Schwäche oder Inkompetenz ausgelegt. Und das, obwohl er noch nichts gesagt hat.
Gerade weil es häufig sicherheitsrelevante Missverständnisse in der zwischenmenschlichen Kommunikation gibt, möchte ich als Abschluss zu diesem Kapitel einige wertvolle Hintergründe und praktische Tipps beschreiben.

1.6.1 Ungünstige Bedingungen

Das Ziel einer guten Kommunikation ist die Eindeutigkeit sowohl beim Sender einer Nachricht, als auch beim Empfänger der Nachricht. Gute Kommunikation hängt aber nicht nur vom guten Willen ab. Manchmal können interne oder externe Bedingungen Klarheit und Eindeutigkeit einschränken.

Äußere Bedingungen

- Nebengeräusche oder Lärm
- Ablenkungen durch andere Personen
- Ablenkung durch andere Ereignisse

Bedingungen durch die Personen selbst

- Schwerhörigkeit
- Unkonzentriertheit
- Existentielle Bedürfnisse wie Hunger und Durst (siehe Kap. 2.4)
- Sprache zu leise oder zu undeutlich
- Mehrdeutigkeit der Information (Sender oder Empfänger Probleme)

Diese Mehrdeutigkeit im Austausch von Informationen wird uns in der Folge weiter beschäftigen.

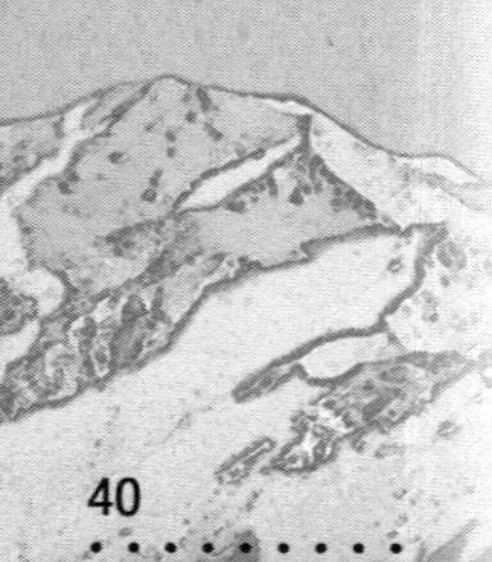

1.6.2 Sender Empfänger Probleme

Wenn der Sender einer Nachricht und der Empfänger, an den sie gerichtet ist, nicht das gleiche Verständnis davon haben, was gesagt worden ist oder was gemeint ist, kann es zu Missverständnissen und Problemen kommen.

„Gemeint ist nicht gesagt,
gesagt ist nicht gehört,
gehört ist nicht verstanden,
verstanden ist nicht einverstanden,
einverstanden ist nicht umgesetzt,
umgesetzt ist nicht unbedingt richtig gemacht."
(Unbekannte Quellenangabe)

Ein möglicher Hintergrund von Missverständnissen ist also ein Informationsverlust, welcher über eine Kommunikationstreppe (Bieger, 1990) anschaulich visualisiert werden kann. Dabei gehen pro Stufe etwa 25 % an Information verloren, so dass im ungünstigsten Fall nur noch ein Viertel dessen, was vom Sender gemeint war, beim Empfänger ankommt.

Leider können in der Kommunikation noch Verwicklungen ins Spiel kommen, die mehr die seelischen Vorgänge des Menschen als Ursache haben. Durch diese verschiedenen Verschlüsselungsmöglichkeiten einer Nachricht und der Notwendigkeit im Outdoor Bereich klar zu kommunizieren, möchte ich nun einige Hintergründe aus der Kommunikationswissenschaft und Kommunikationspsychologie aufgreifen. Die folgenden Ausführungen leiten sich von den bekannten Kommunikationsforscher Paul Watzlawick und Prof. Friedemann Schultz von Thun ab.

Die vier Seiten einer Nachricht

Menschliche Kommunikation hat mehrere Seiten. *„Jede Kommunikation hat einen Inhalts- und einen Beziehungsaspekt"* (Watzlawick, Beaven, 1969). Prof. Friedemann Schulz von Thun hat 1970 angefangen, verschiedene Ansätze der Psychologie mit dem Thema Kommunikation zu verknüpfen und *„unter einen Hut zu bringen"* (Schulz v. Thun, 1993, S. 13). Mit der Zeit kristallisierten sich jedoch für ihn vier Aspekte heraus, die den Vorgang der zwischenmenschlichen Kommunikation und damit auch die Quelle für Missverständnisse darstellten:

- **der Sachaspekt**
- **der Beziehungsaspekt**
- **der Selbstoffenbarungsaspekt**
- **der Appellaspekt**

Im folgenden Abschnitt werden die vier Aspekte oder Seiten einer Nachricht zunächst aus der Sicht des Senders und anschließend aus der Sicht des Empfängers betrachtet.

Die vier Seiten einer Nachricht aus Sicht des Senders

Die Sachseite einer Nachricht

Im rein sachlichen und inhaltlichen Aspekt geht es um Klarheit und Verständlichkeit. Der Sender vermittelt den Sachverhalt einfach und ohne Schnörkel. Einweisungen in Outdoor Ausrüstung und Sicherheitseinweisungen fallen beispielsweise darunter.

Beispiel Hochseilgarten: *„Hier ist ein Drahtseil, in das sich ab jetzt alle mit ihrer Sicherungsschlinge einhängen. Das Einhängen geschieht folgendermaßen."* (Demonstration).

Die Selbstoffenbarung einer Nachricht

Hier geht es darum, dass der Sender etwas über sich persönlich sagen will. Die Nachricht kann also eine „Kostprobe" der Persönlichkeit des Senders sein.

Beispiel Hochseilgarten:
„Ich mache mir Sorgen um Euch."

Hier steht die Fürsorge im Vordergrund. Es kann aber auch das Motiv der Selbstdarstellung sein: *„Ich selber brauche hier noch keine Sicherung." „Ich bin schon ganz andere Seilgärten ohne Sicherung gegangen."*

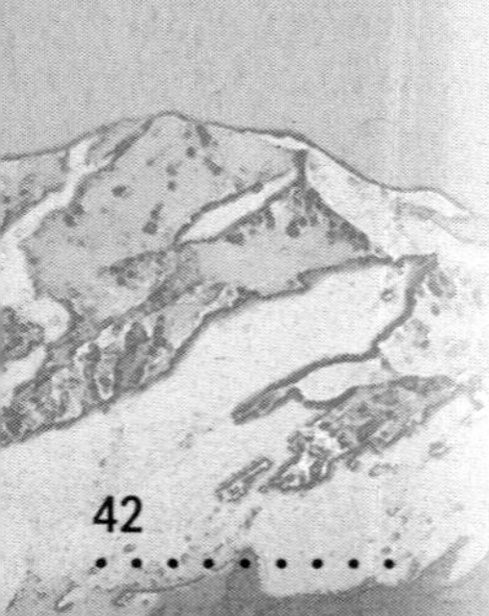

Die Beziehungsseite einer Nachricht

Im Beziehungsaspekt einer Nachricht geht es um die Frage, wie ich meinen Mitmenschen durch die Art meiner Kommunikation behandle. Je nach dem wie ich ihn anspreche, bringe ich zum Ausdruck, was ich von ihm halte. Entsprechend fühlt sich der andere akzeptiert und vollwertig behandelt oder ggf. bevormundet und herabgesetzt.

Beispiel Hochseilgarten:
„Ihr Anfänger müsst Euch jetzt mit Eurer Sicherungsschlinge hier einhängen."

Die Appellseite einer Nachricht

Hier steht die konkrete Veranlassung im Vordergrund der Nachricht, bei unserem Beispiel also die Sicherheit der Teilnehmenden. Man muss einen Einfluss auf das Handeln nehmen und kommuniziert das als Aufforderung oder Befehl.

Beispiel Hochseilgarten:
„Ihr müsst Euch jetzt mit Eurer Schlinge genau hier sichern."

Je konkreter die Ansage, desto klarer auch die Aufforderung. Falsch oder ungeschickt wäre beispielsweise die Aussage: *„Man müsste sich jetzt hier sichern."*

Sachinhalt

Selbst-offenbarung **Appell**

Beziehung

Schulz von Thun zeigte sich über die *„Geburt"* dieses Quadrates sehr zufrieden (Schulz von Thun, 1993, S. 16), denn es eignete sich fortan zur Analyse konkreter Mitteilungen wie auch zur Aufdeckung und Gliederung einer Vielzahl von Kommunikationsstörungen.

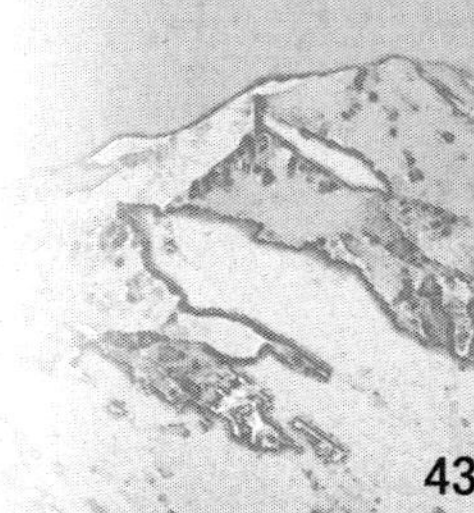

Die vier Seiten einer Nachricht aus Sicht des Empfängers

Unabhängig davon, was nun der Sender mit seiner Nachricht meint oder beabsichtigen möchte, liegt es auch am Empfänger, auf welcher Seite des Quadrats er die Nachricht versteht oder verstehen will.
Den Sachinhalt ordnet er unter verstanden oder nicht verstanden ein, die Selbstoffenbarungsseite klopft er quasi „personaldiagnostisch" ab (Was ist los mit dem Sender?), durch die Beziehungsseite wird er persönlich betroffen oder behandelt und beim Appellaspekt hört er, was er machen soll.

Wie ist der Sachinhalt zu verstehen?

Sachinhalt

Was ist das für einer? Was sagt der über sich? **„Psychologen Ohr"**

Selbst-offenbarung

Appell
„Was soll ich tun?"

Beziehung
„Wie redet der mit mir?"
„Was hält der von mir?"

Die vier Seiten einer Nachricht sind also Mitteilungsmöglichkeiten. Jeder Sender verhindert Missverständnisse, wenn seine Nachrichten klar und unmissverständlich gemeint und formuliert sind. Da wir aber auch noch andere Kanäle zur Kommunikation haben, wie etwa die Körpersprache, sollten alle Kanäle *„kongruent"* (Schulz von Thun, 1993, S. 35) sein, also stimmig zusammenpassen. Ein wütender Blick passt nicht zur Botschaft *„Es ist alles in Ordnung"*.

Jeder, der sich mit Führen und Leiten auseinandersetzt, sollte sich auch mit der Art und Weise wie er selber kommuniziert oder besser gesagt, auf welchem Kanal er gerade sendet und hört, auseinandersetzen. Rückmeldungen durch Kollegen oder Teilnehmer können da sehr aufschlussreich sein, setzen aber eine Offenheit für Feedback voraus. Feedbackregeln werden in Kap. 2.3 Fremdwahrnehmung als Korrektiv beschrieben.

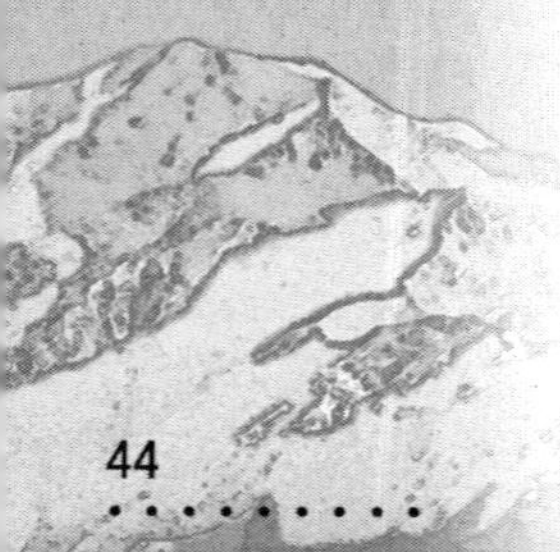

1.6.3 Kommunikation beim Führen und Leiten

Was bedeutet das jetzt für die Praxis beim Führen? Je nach Aufgabe und Rolle variiert auch das Spektrum an Kommunikationsmöglichkeiten.

- Beim Führen konzentrieren wir uns auf die Aufgabe, machen klare Ansagen oder delegieren Aufgaben mit Namen an eindeutige Adressaten. Je nach Situation sind auch Zeitangaben bzw. Zeitlimits nützlich. *„Franz, bis 18.00 Uhr muss das erledigt sein. Lisa, bis spätestens morgen früh brauche ich folgende Information von Dir."*
- Mit wertschätzenden Beziehungsbotschaften lösen wir tendenziell ein gutes Klima und Motivation aus.
- Mit Selbstoffenbarungen beschreiben wir, wie es uns damit geht, sind transparent und als Person „greifbar".

Damit keine Missverständnisse vor allem in Situationen unter Zeit- oder Handlungsdruck entstehen, sind Rückkoppelungen von Ansagen wichtig und hilfreich. In der zivilen Luftfahrt beispielsweise bedient man sich dabei folgender Vorgehensweise, die auch in Outdoor Situationen Vorteile haben kann:

call out ist eine deutliche Ansage in einer festgelegten Terminologie.
readback ist ein Wiederholen der Informationen durch den Empfänger.
hearback der Sender gibt das Gehörte nochmals zurück.

(Quelle: St. Pierre, Hofinger, Buerschaper, 2005, S 174)

Fallbeispiel:

Während eines Ausbildungskurses in den Dolomiten kommt eine Gruppe beim Abstieg am Pössnecker Klettersteig in ein heftiges Gewitter. Durch die angespannte Situation reagiert ein Teilnehmer sehr ängstlich und ist kaum noch in der Lage eigenständig zu handeln.
Der Bergführer entscheidet aus Sicherheitsgründen, diesen Teilnehmer ans Seil zu nehmen. Weil die bedrohliche Situation einen schnellen und reibungslosen Rückzug erfordert, übergibt er einem erfahrenen Teilnehmer der Gruppe die Leitung des Rückzugs, damit der Rest der Gruppe schneller aus dem Gefahrengelände kommt. Er bespricht kurz die wichtigsten Aspekte des Rückzugs mit dem in die Verantwortung genommenen Teilnehmer und lässt ihn die entscheidenden Punkte wiederholen, um sicher zu gehen, dass der besprochene Ablauf richtig verstanden wurde.

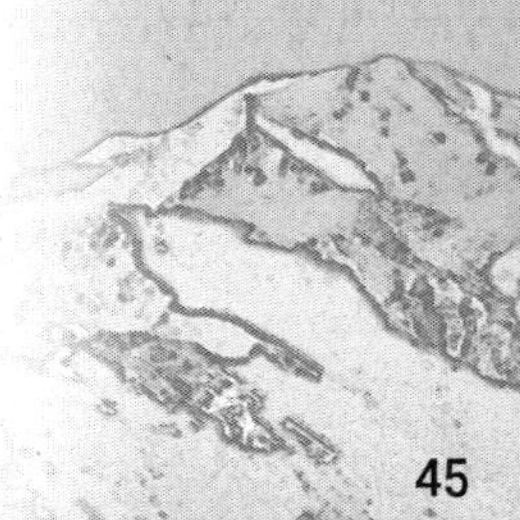

Die Kommunikation beim Leiten weist eher folgende Eigenschaften auf:

- Anweisungen zur Sicherheit werden als Empfehlungen ausgesprochen und nicht als Anordnung. Eine Entscheidungsmitbeteiligung und die Eigenverantwortung der Teilnehmer müssen aber zumutbar sein. Bei erfahrenen Teilnehmern ist das durchaus eine gängige Praxis. *(„Hier könnte man, sollte man ...", „Wer sich unsicher ist, der ...")*.
- Bei Informationssuche, Problemlösungen oder einer Entscheidungsprozessen ist die Kommunikation mehr dezentral, vollzieht sich also über mehrere Personen und gestaltet sich damit „offener". Die Gruppe kann so ihre Ideen und Meinungen einbringen.
- Bedürfnisse und Befindlichkeiten der Teilnehmer werden dadurch stärker berücksichtigt.
- Ohne Gesprächsmoderation ist die Kommunikation allerdings häufig ziel- oder ergebnislos („Stammtischcharakter"). Konstruktive Vorschläge laufen dann möglicherweise ins Leere.
- Oft gibt es unklare Adressaten bei der Aufgabenklärung *(„Lasst uns erst das Lager aufbauen, dann kochen wir!")*.
- Mit unklarer Aufgabenklärung ist auch die Verantwortung unklar und das kann bedenklich für die Sicherheit sein. Hier muss der Guide dann durch eine Moderation der Gruppe helfen, dass sie für eine klare Aufgabenverteilung sorgt.

Die Moderation hat dabei folgende Aufgaben:

- Für eine Diskussionskultur sorgen, in der jeder zu Wort kommen kann und auch zugehört wird.
- Unter Umständen einen Zeitrahmen für die Diskussion vereinbaren.
- Auf Lösungsdynamik aufpassen: eine schnelle Lösungssuche bringt nicht immer die besten Ergebnisse hervor (Vgl. Kap. 3.5.5 Systematik in der Entscheidungsfindung)
- In der Entscheidungsfindung auf einen Konsens achten und für alle festhalten. (sprachlich zusammenfassen und/oder visualisieren).
- Erreichte Ergebnisse einer Diskussion als solche markieren.

1.6.3 Missverständnisse klären

Missverständnisse stellen oft eine erhebliche Fehlerquelle und damit ein Sicherheitsrisiko dar. Deswegen sind kommunikative Fähigkeiten genauso wichtig, wie die fachlichen Fähigkeiten eines Guides. In vielen Hochsicherheitsbereichen wird deswegen mit definierten Sprachregelungen gearbeitet. Wie aber bereits dargestellt wurde, können gerade durch die verschiedenen Verschlüsselungsmöglichkeiten einer Nachricht Missverständnisse entstehen, die wiederum Spannungen und Konflikte hervorbringen. Je früher Missverständnisse geklärt werden, desto weniger gären sie unter der Oberfläche und desto weniger stauen sie sich zu Konflikten an.

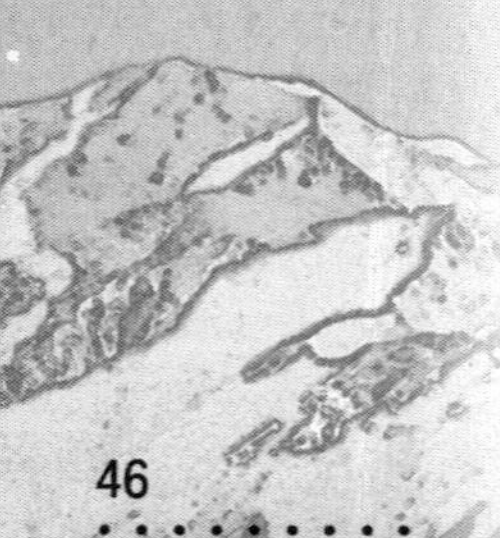

Folgende Vorgehensweise stellt eine hilfreiche Orientierung für ein Klärungsgespräch dar:

1. **Rahmenbedingungen**
   Ort und Zeit müssen vereinbart werden und störungsfrei sein. Auf dem Flur oder zwischen Tür und Angel lassen sich Missverständnisse wenn überhaupt nur schlecht klären. Ablenkungen durch andere Personen oder Telefone sollten verhindert werden.

2. **Eröffnung und Information**
   Hier geht es um die Situationsbeschreibung und um klare Selbstaussagen. Es soll zunächst kein Dialog stattfinden. Selbstoffenbarungen sind dabei natürlich sehr hilfreich. *„Ich habe das so erlebt", „Ich bin davon ausgegangen, dass ...", „Ich fühle mich dabei ...".*

   Die eigene Sichtweise wird dargestellt und auf Vorwürfe wird verzichtet. Wenn der Sender seine Sicht der Dinge darstellt, sollte der Empfänger genau zuhören und auch verstehen wollen. Ein Verständnis für die Sicht des anderen heißt aber nicht zwangsläufig, mit ihm einverstanden zu sein!

3. **Dialog und Verlangsamung**
   Nachdem beide ihre Sicht dargestellt haben, beginnt nun die Dialogphase, in der die unterschiedlichen Positionen oder Eindrücke besprochen werden. Geht es um ein Missverständnis in der Sache oder um ein Missverständnis in der Beziehung zueinander?
   Können Gemeinsamkeiten und Unterschiede festgestellt werden?
   Damit sich das nicht doch zu einem schnellen „Ping – Pong – Spiel" von Vorwürfen und Schuldzuweisungen entwickelt, ist es wieder wichtig, durch genaues zuhören, den anderen zu verstehen.

4. **Lösungssuche**
   Nun sollte jeder seine Wünsche ausdrücken und eine Lösung vorschlagen. Diese müssen auf Realisierbarkeit geprüft und verhandelt werden. Danach werden Vereinbarungen für das zukünftige Miteinander in der Kommunikation getroffen.

Je länger mit einer Klärung gewartet wurde und je schwieriger die Klärung dann möglicherweise werden wird, desto wichtiger ist eine unparteiische Moderation, die als Klärungshilfe fungiert.

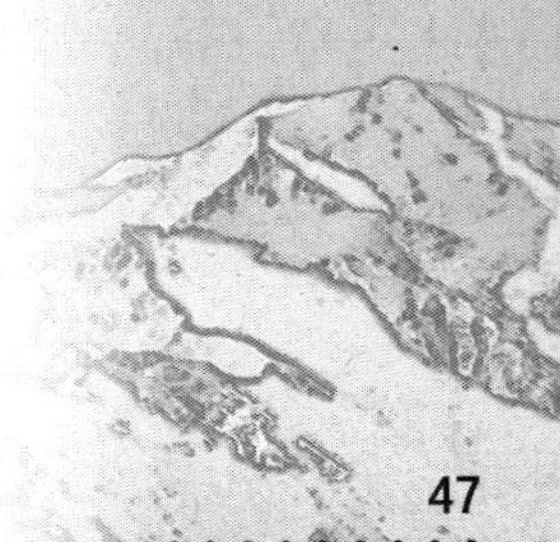

Literaturhinweise zur weiteren Vertiefung im Umgang mit Missverständnissen oder Konflikten:

„Angriff ist die schlechteste Verteidigung"; Rohde, R.; Meis, M.S.; Bongartz, R.; Junfermann Verlag, Paderborn 2004
„Konflikte lösen mit System"; Risto, K.H.; Junfermann Verlag, Paderborn 2005
„Schwierige Gespräche führen"; Benien, K.; Rowohlt Taschenbuchverlag, Reinbeck bei Hamburg 2003

Die Reflexion des eigenen Führungshandelns, die Auftrags- und Rollenklarheit, sowie ein Grund Know How zur Kommunikation, stellen wichtige Basiskompetenzen in der Arbeit als Guide dar. Da wir immer mit Menschen arbeiten, gehört aus meiner persönlichen Sicht und Erfahrung auch ein Grundverständnis von Persönlichkeitsstrukturen und gruppendynamischen Prozesse zum grundlegenden „Handwerkszeug" dazu. Damit beschäftigen wir uns im nächsten Kapitel.

2. Hilfreiche psychologische Modelle für die Arbeit mit Gruppen

2. Hilfreiche psychologische Modelle für die Arbeit mit Gruppen

Das Verständnis für die Arbeit mit Einzelnen Personen oder mit Gruppen hat sich über die letzten Jahrzehnte verändert. Während gerade im alpinen Kontext die „Führer" eher einen militärisch geprägten und sehr sachbezogenen Stil im Umgang mit Menschen hatten, ist das Verständnis heut viel kommunikativer, umgänglicher, zugewandter, beziehungs- und teamorientierter.
Darüber hinaus erkennt man immer mehr, wie komplex manchmal Sicherheitsfragen sind. Auf der einen Seite liefert uns die Industrie neue Erkenntnisse und Antworten in Materialfragen, auf der anderen Seite ist der Mensch häufig die Ursache für Fehlhandlungen und für Unfälle. Die individuellen Fähigkeiten und die Erfahrung des Menschen können zwar als Sicherheitsressource genutzt werden, als denkendes und fühlendes Subjekt unterliegt er allerdings oft unterschiedlichen Fehlerquellen.

Untersuchungen von Lawinenunfällen in den USA aus den 1990er Jahren kommen zu dem Schluss, dass in den meisten Fällen menschliche Faktoren die Hauptursache für den Lawinenabgang sind (Utzinger, 2003). Blickt man in andere Sicherheitsbereiche wie die der Krankenhäuser, der Luft- oder der Seefahrt, so fällt auf, dass rund 75 % aller Unfälle auf menschliche Fehlhandlungen zurückzuführen sind (Buerschapper, Hofinger, St. Pierre, 2005; Bryant, 1991; Kemmler, 2000).

Die Psychologie kann uns durch ihre Forschungsergebnisse, Theorien und Modelle eine wertvolle Hilfe sein, grundsätzliche Einschätzungen zum menschlichen Verhalten, aber auch für das Verhalten in sicherheitsrelevanten Bereichen geben.

Die hier vorgestellten Erkenntnisse und Modelle aus der Persönlichkeits- und Sozialpsychologie beziehen sich auf die subjektive und selektive Wahrnehmung, auf Bedürfnisse und wie sie uns steuern, auf Persönlichkeitseigenschaften und den Einfluss des sozialen Umfelds auf das eigene „Selbstkonzept". Sie sollen Möglichkeiten aufzeigen, die Selbstwahrnehmung und die soziale Wahrnehmung zu verbessern. Nach vielen persönlichen Erfahrungen komme ich zu dem Schluss, dass diese Wahrnehmungsfähigkeiten für den Guide selber, für die Arbeit mit Gruppen, aber auch für eine durchdachte Risikomanagementstrategie enorm wichtig sind.

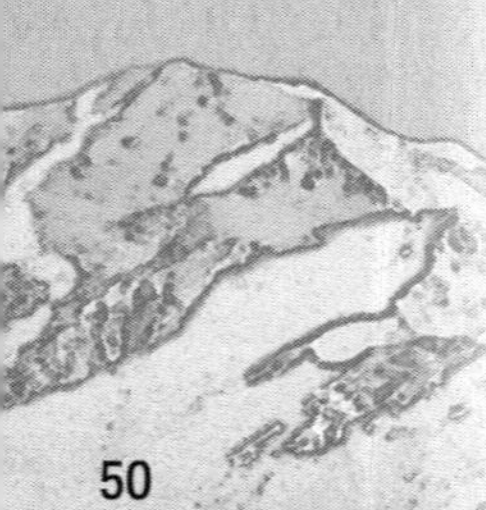

2.1 Selbstwahrnehmung und Selbstkonzept

Der Mensch hat im Laufe der Evolution eine Vielzahl von Organen zur Aufnahme von Informationen entwickelt, die ihn in die Lage versetzen, ein breites Spektrum komplexer Sinnesreize zu verarbeiten. Unsere Sinne sind dabei Sehen, Hören, Riechen, Schmecken und Tasten, aber auch Temperaturempfinden, Gleichgewichtsinn, Bewegungsempfinden und Schmerzempfinden. Das Hauptziel der Wahrnehmung besteht darin, ein Bild der Welt zu entwerfen, in dem wir uns zurechtfinden.

Der Verarbeitungsprozess der Wahrnehmung vollzieht sich dabei in drei Stufen:

- Empfinden
- Organisieren von Eindrücken in Farben, Strukturen, Figuren, Hintergründe ...
- Identifizieren und einordnen, um dem wahrgenommenen eine Bedeutung und Bewertung zu verleihen.

Die Sinneswahrnehmung und deren Bedeutungszuschreibung bilden die Grundlage für das Handeln (Zimbardo, 1996, S. 105). Dementsprechend hängen Entscheidungen und Verhalten einer Person nicht nur von der Sinneswahrnehmung selbst, sondern insbesondere von der Interpretation, Einordnung und Bewertung des Wahrgenommenen ab. Da Letzteres auf der Grundlage individueller Lernerfahrungen erfolgt, erklärt es auch die individuellen Unterschiede in Bezug auf Risikoverhalten. Die Bedeutung der Wahrnehmung und Informationsverarbeitung in Bezug zur Urteilsbildung in Risikosituationen wird im Kapitel 3.5 „Wahrnehmung und Entscheidungsfindung" noch ausführlicher dargestellt.

Neben der Wahrnehmung der Umwelt spielt auch die Selbstwahrnehmung einer Person eine bedeutende Rolle. Diese beginnt etwa ab dem zweiten Lebensjahr und wird dann zunehmend komplexer. Mit unseren kognitiven Fähigkeiten wie beispielsweise unserer Aufmerksamkeit, unserer Erinnerung und unserem Lernvermögen konstruieren wir ein Bild von der Welt und entwickeln allmählich ein Verständnis von uns selbst. Unsere Einstellungen, unsere Überzeugungen und Werte, an denen wir uns orientieren, werden durch die Erziehung, das soziale Umfeld und durch unsere Bezugspersonen geprägt.

Dabei suchen wir durch positive Rückmeldungen stets Bestätigungen für unsere Überzeugungen. Dies hilft uns, eine möglichst günstige Sichtweise unseres Selbst aufrechtzuerhalten. Wenn wir in der Beobachtung unseres eigenen Verhaltens feststellen, dass wir uns in einer Weise benommen haben, die uns irrational, oder dumm erscheint, erleben wir ein deutliches Unbehagen. Die Theorie der *„kognitiven Dissonanz"* (Festinger, 1957, zitiert nach Aronson, Wilson, Akert, 2004, S.188) ist eine Motivationstheorie, die besagt, dass Unbehagen und Erregung das sind, was das Individuum motiviert, Einstellungen und Verhalten zu verändern. Das unangenehme Gefühl ist also hierfür eine notwendige Bedingung.

Um diese Dissonanz zu reduzieren, können wir beispielsweise in Bezug auf unser Risikobewertungen drei unterschiedliche Strategien verfolgen:

- Wir können unser Verhalten verändern (hohe Risiken werden in Zukunft vermieden).
- Wir können unser Verhalten rechtfertigen, indem wir die Dissonanz herunterspielen („Mein/unser eingegangenes Risiko war gar nicht so hoch!").
- Wir können aber auch die Einstellung verändern („Risiken machen das Leben erst lebenswert.", oder „So was mach ich nie wieder!").

Wie wir uns also in Risikosituationen verhalten, hängt von unserem Blickwinkel ab und der Art und Weise, wie wir diese Situationen deuten.

Unser Selbst wird auch durch einen *„Sozialen Vergleich"* (Festinger 1954, zitiert nach Aronson, Wilson, Akert, 2004, S. 176) geprägt. Mit wem wir uns vergleichen ist dabei abhängig von unseren Zielen. Wenn wir unseren Selbstwert steigern wollen, vergleichen wir uns mit Menschen, die nicht so gut sind, wie wir selbst. Dieser *„abwärts gerichteter Vergleich"* lässt uns einfach etwas besser fühlen. Wenn es uns aber um Informationen darüber geht, wofür es sich lohnt zu kämpfen, werden wir einen *„aufwärtsgerichteten Vergleich"* (Aronson, Wilson, Akert, 2004, S. 176) suchen. Bei diesem vergleichen wir uns mit Menschen, die besser sind wie wir.

Aus den Informationen, wie wir sind und wie wir sein wollen, entwickeln wir dann letztlich ein Konzept von uns Selbst. Dieses *„Selbstkonzept"* (Aronson, Wilson, Akert, 2004, S. 151) beeinflusst wiederum die Aufnahme, Verarbeitung und Wiedergabe von Informationen. Ein optimistisches Selbstkonzept wird also in Gefahrensituationen sich einer gewissen positiven Färbung der Situation nicht gänzlich verwehren können.

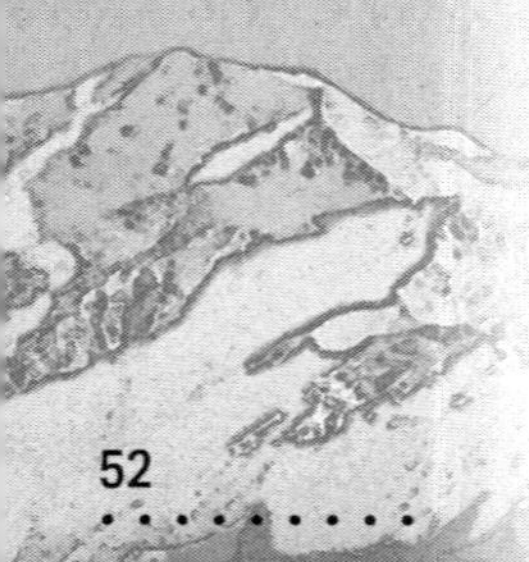

2.2 Soziale Wahrnehmung

Neben einer guten Selbstwahrnehmung spielt auch die soziale Wahrnehmung eine wichtige Rolle in der Arbeit mit Gruppen. Sie beschreibt die Fähigkeit, zwischenmenschliche Interaktionen und gruppendynamische Prozesse zu spüren und zu erkennen. Auf der Basis dessen, was wir in der Vergangenheit an sozialen Situationen erlebt und welche Erfahrungen wir mit ihnen gesammelt haben, entwickeln wir im Laufe der Zeit gewisse „Schemata" von Menschen und sozialen Situationen. (Markus, 1977, S. 63-78) Schemata sind mentale Strukturen oder Muster, die uns helfen, soziale Situationen zu kategorisieren und zu interpretieren. Sie sind ausgesprochen wichtig für die Organisation unserer sozialen Umwelt und dafür, ihr einen Sinn zu geben. Sonst müssten wir jede Situation mit Menschen wie beim ersten Mal neu einordnen und wieder mit einer Bedeutung versehen. Bei einer Begegnung mit unbekannten Teilnehmern beispielsweise, werden wir schnell Annahmen darüber bilden, welchen Menschentyp wir vor uns haben. Mit viel Erfahrung können wir schnell ableiten, wie sich Menschen möglicherweise in kritischen Situationen verhalten. Das kann in Gefahrensituationen äußerst hilfreich sein. Die Grundlage für diese Annahmen ist das Gedächtnis, in dem die persönlichen Lernerfahrungen gespeichert sind. Diese Annahmen können dann bei weiterer Beobachtung der Betroffenen bestätigt, ergänzt oder in Frage gestellt werden. Je mehrdeutiger allerdings eine Person oder eine soziale Situation ist und je zweifelhafter die daraus resultierende Information ist, desto eher werden feste Schemata herangezogen, um Wahrnehmungslücken zu schließen (Aronson, Wilson, Akert, 2004, S. 64). Diese können jedoch falsch sein und uns zu verkehrten Einschätzungen und Schlussfolgerungen einer Situation führen. Hier kann ein regelmäßiger Austausch mit Kollegen über die sozialen Beobachtungen Abhilfe schaffen.

Soziale Kompetenzen, wie sie bereits beschrieben wurden, fördern natürlich auch soziale Wahrnehmungsfähigkeiten. Dazu zählen aktives Interesse an anderen Menschen, Einfühlungsvermögen, empathisches zuhören und ausreden lassen können, Toleranz, Rücksichtnahme und Kritikfähigkeit. (Vgl. Kapitel 1.3.1)

2.3 Fremdwahrnehmungen als Korrektiv

Unsere Wahrnehmung ist also subjektiv, selektiv und auf Nützlichkeit ausgerichtet. Aus diesem Grund sind wir hin und wieder blind für Fehleinschätzungen. Wir sind manchmal sehr damit beschäftigt, Recht zu haben und unternehmen dann alles, unsere Selbstüberzeugung und unsere Handlungen zu verteidigen. Rechtfertigende Gedanken stellen eben ein probates Mittel dar, einen positiven Selbstwert zu erhalten oder einen gefährdeten wieder herzustellen. Die Diskrepanz wird unter Umständen auch durch Vermeidung persönlicher Verantwortung reduziert. In der *„Attributionstheorie"* von Heider (Heider, 1958) sucht der Mensch die Ursachen seines Handelns in unterschiedlichen Bereichen. Zum einen können diese internal, also durch ihn und seine Fähigkeiten, Einstellungen und seine Persönlichkeit begründet sein. Zum anderen liegen sie external und sind durch äußere Bedingungen und Situationen bedingt. Wir neigen beispielsweise dazu, unsere Erfolge uns selbst zuzuschreiben, also zu attribuieren und für unsere Niederlagen situative Bedingungen, die jenseits unserer Kontrollmöglichkeiten liegen, verantwortlich zu machen.

Eine Rückmelde- oder Feedback Kultur im Kollegenkreis kann hier sehr hilfreich sein, Ergänzungen der eigenen Wahrnehmung und mögliche Verzerrungen in der Ursachenzuschreibung aufzudecken. Diese „Blinde Seite an sich selbst" wurde von den beiden amerikanischen Psychologen Joseph Luft und Harry Ingham Mitte der 1950er in ihrem „Johari Fenster" dargestellt.

Johari	Fenster
A **Bereiche des freien Handelns** Mir und anderen Menschen bekannt Gemeinsames Wissen über mich **„Öffentliche Person"**	**B** **Bereich des Verbergens** Nur mir oder wenigen Vertrauenspersonen bekannt. **„Private Person"**
C **Bereich der „blinden Flecken"** Unbedachte Verhaltensweisen Mir nicht bekannt, aber anderen bekannt **Fremdwahrnehmung**	**D** **Bereich des Unbewussten** Mir und anderen nicht bekannt Ungenutzte und nicht bekannte Fähigkeiten **Zugang durch Tiefenpsychologie möglich**

Im Austausch mit anderen Menschen haben wir also eine Chance, unsere Wahrnehmungen, unsere Schlussfolgerungen und unser Verhalten zu reflektieren. Gerade weil uns das Leben von anderen Menschen anvertraut wird, sollte es Teil unserer Sorgfaltspflicht sein, unsere Wahrnehmungen regelmäßig zu überprüfen und zu hinterfragen.

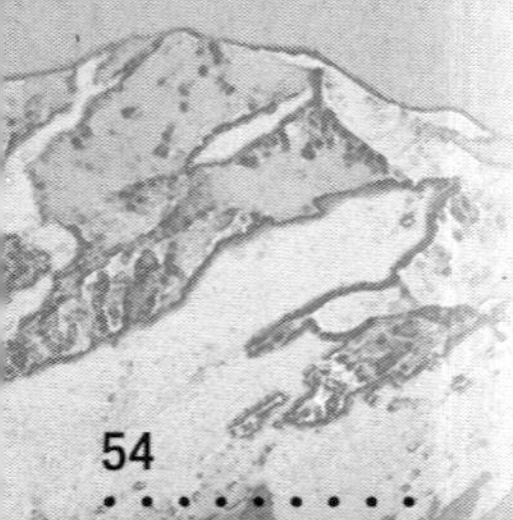

Eine Feedbackkultur, in der es allerdings die Regel ist, nur zu kritisieren und alles andere automatisch als Lob zu deuten, fördert jedoch eher soziale Ängste. Deshalb gehören auch das Anerkennen und Loben der Leistung oder des Bemühens in ein Feedbackgespräch. Je mehr Feedback als Chance zum persönlichen Wachstum angenommen wird, desto eher wird es positiv erlebt und kann sich in Folge auch als Standard etablieren.

Praxistipp – Feedback Gespräche führen

Für ein konstruktives Feedback ist aus dem Johari Fenster vor allem der Bereich der öffentlichen Person und der „Blinde Fleck" interessant. Beide ermöglichen uns neue Sichtweisen oder Erfahrungen.
Das Bild, das wir von uns und einer Situation haben (Selbstbild), die Wahrnehmung einer Situation oder Person und unser eigenes Verhalten wird dabei mit dem Bild, das andere davon haben verglichen. (Fremdbild über mich, über andere Personen oder Situationen)
Damit das auf jeden Fall konstruktiv ist, sollten ein paar Rahmenbedingungen und Spielregeln beachtet werden:

1. Ort und Zeitpunkt sollten für beide günstig sein. Eine Situation zwischen „Tür und Angel" ist eher ungünstig, denn es braucht eine gewisse Ruhe und Aufmerksamkeit dafür.
2. Feedback muss sowohl vom Geber als auch vom Nehmer erwünscht sein.
3. Feedback darf auch abgelehnt oder auf einen anderen Zeitpunkt verschoben werden.

Regel für den Feedback Geber

1. Nutzen Sie Feedback konstruktiv und nicht als destruktive Methode. Der Feedbackempfänger sollte also damit etwas anfangen können und bestenfalls daran „wachsen".
2. Formulieren Sie Ihr Feedback kurz, präzise und möglichst konkret.
3. Vermeiden Sie Verallgemeinerungen und sprechen Sie Ihren Feedback Partner direkt an.
4. Äußern Sie sich subjektiv. Feedback ist eine Mitteilung aus Ihrer persönlichen Wahrnehmung. Wie haben Sie die Person oder Situation erlebt?
5. Vermeiden Sie Wertungen.
6. Bei Bedarf äussern Sie Wünsche kosntruktiv an den Feedbackempfänger.

Regeln für den Feedback Nehmer

1. Als Feedbacknehmer sollten Sie zunächst zuhören und verstehen wollen, was der andere Ihnen sagen will. Verstehen heißt nicht zwangsläufig, damit einverstanden sein zu müssen.
2. Verteidigen oder rechtfertigen Sie sich nicht. Feedback ist eine subjektive Wahrnehmungsmitteilung, die die Eindrücke des Feedbackgebers schildert. Diese Eindrücke können mehr mit dem Feedbackgeber zu tun haben, wie mit Ihnen. Dennoch kann das Feedback nützlich sein.
3. Verständnisfragen dürfen gestellt werden.
4. Während des Feedbacks wird nicht diskutiert.
5. Denken Sie in Ruhe über das Feedback nach.

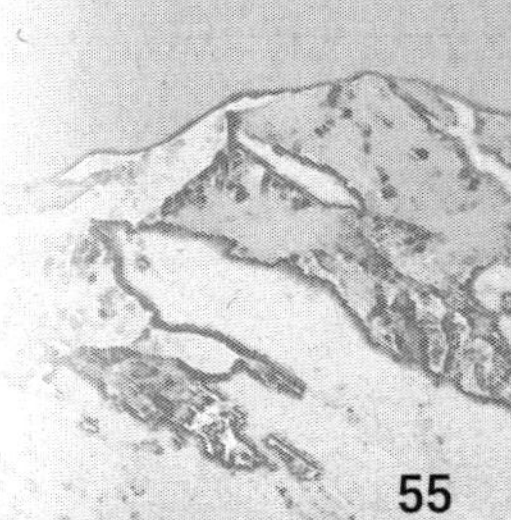

2.4 Bedürfnisse von Menschen besser verstehen

Ein Schlüssel, um menschliches Verhalten besser verstehen und einordnen zu lernen, ist der Blick auf die Bedürfnisse dieser Menschen. Nach dem amerikanischen Psychologen Abraham Maslow steuern nämlich verschiedene Bedürfnisse das Verhalten. (Maslow, 1970) Maslow beschreibt und gliedert die Grundbedürfnisse nach Nahrung, Schutz und Sicherheit, aber auch soziale Bedürfnisse wie Zugehörigkeit und Anerkennung. Das höchste Ziel in der Befriedigung von Bedürfnissen ist nach ihm die eigene Selbstverwirklichung oder Selbsttranszendenz. Seine bekannte Bedürfnispyramide visualisiert in übersichtlicher Form, aus welchen unterschiedlichen existentiellen, sozialen und wachstumsorientierten Bedürfnissen Menschen ihr Verhalten steuern.

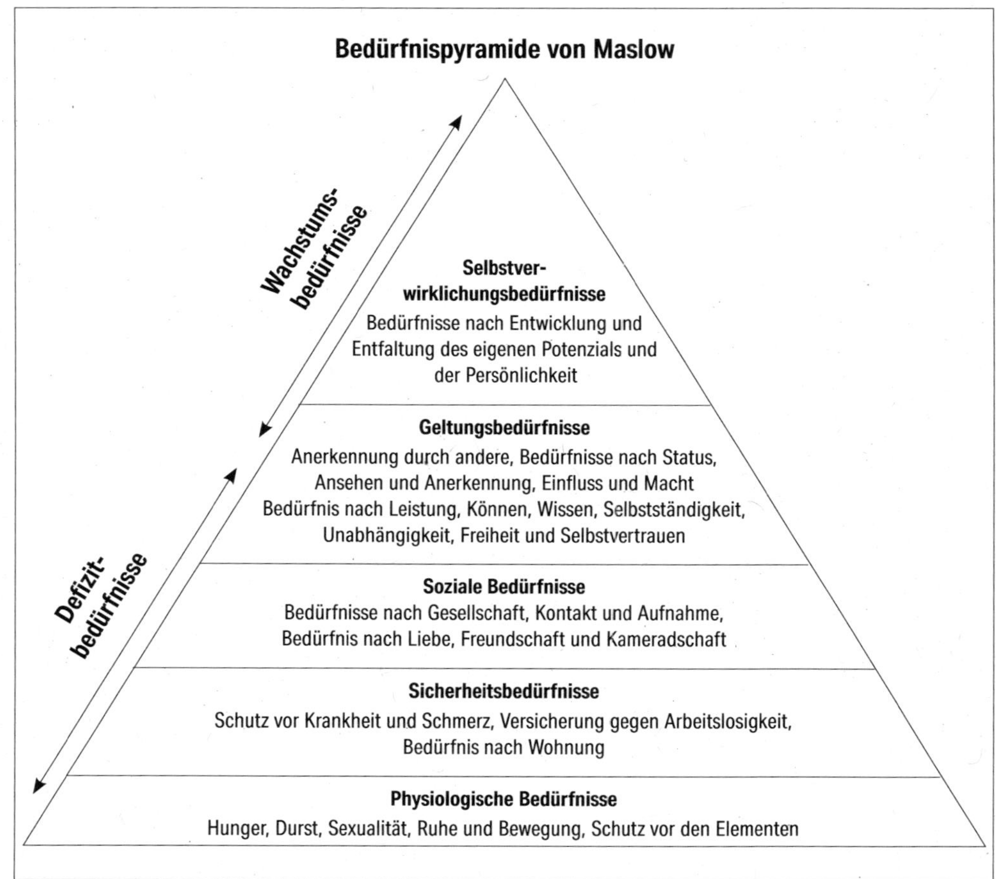

Maslowsche Bedürfnispyramide

Die **physiologischen oder auch existentiellen Bedürfnisse** drängen sich schnell bei Hunger, Durst, Nässe, Kälte oder auch starker Hitze in den Vordergrund. Unsere Teilnehmenden bekommen unter starker physiologischer Beanspruchung sicherungstechnische Ausführungen häufig nicht mehr in der notwendigen Klarheit mit. Mit kalten Fingern und durchnässter Kleidung lässt sich ebenfalls nur schwer teamorientiertes Verhalten zeigen, einfach weil man zu sehr mit sich selbst beschäftigt ist. Die Bewältigungsressourcen sind also beeinträchtigt.
Herausfordernde Bedingungen durch Hitze, Kälte, Nässe und Wind usw. stellen für den Guide und für Gruppen Bedingungen dar, die entsprechenden Einfluss auf Gefahrenwahrnehmung und Verhalten haben.

Physiologische Bedürfnisse in extremer Witterung

Sicherheitsbedürfnisse bedeuten ein Streben nach Sicherheit, Stabilität, Ordnung, Schutz, Regeln und Klarheit. Ungewohnte Outdoor Situationen werden von Teilnehmenden nicht immer als willkommene Herausforderung gesehen und ein Vertrauen in die oft unbekannte Outdoor Ausrüstung ist nicht unbedingt selbstverständlich.
Sicherheitsbedürfnisse werden schnell durch Vertrauen in den Guide befriedigt, wenn dieser Vertrauenswürdige Signale sendet. Das kann die sympathische, aufgeschlossene Art sein oder die Tatsache, dass der Guide eigene Kinder hat. Auch die Art, wie man auf Bedürfnisse bei Teilnehmern eingeht, erzeugt ein Gefühl des Angenommenseins und der Sicherheit.

Soziale Bedürfnisse bedeuten, Kontakte schließen zu wollen, Gemeinsamkeit zu erleben, „dazu gehören" oder Freundschaften pflegen. Soziale Bedürfnisse sind häufig der Antrieb, sich zu Gruppenveranstaltungen anzumelden. Das Bedürfnis des „dazu gehören" und „angenommen werden" lässt in Entscheidungssituationen eine Gruppe möglicherweise auch größere Risiken eingehen. Dieses Risikoverhalten in Gruppen wird in Kap. 2.6.6 noch ausführlicher dargestellt. (Risikoschubphänomen)

Ankommen im Lager

Geltungsbedürfnisse sind Wünsche nach Anerkennung, Leistung, Kompetenz, Prestige Status und Macht. Sie zeigen sich in Gruppen durch Erregen von Aufmerksamkeit, verbal oder auch nonverbal (etwa durch auffällige Kleidung). Man will wahrgenommen werden. Wer um Anerkennung ringt, wird einiges daransetzen, um sie auch zu bekommen.
„Menschen, die sich wahrgenommen fühlen, kämpfen nicht darum, wahrgenommen zu werden – und sie ziehen sich nicht schmollend in ihr Schneckenhaus zurück." (Schwiersch, 2005, S. 54).

Selbstverwirklichung hat mit der Verwirklichung persönlich stimmiger Ziele zu tun, die man sich gesteckt hat oder von denen man noch träumt und deswegen danach strebt.

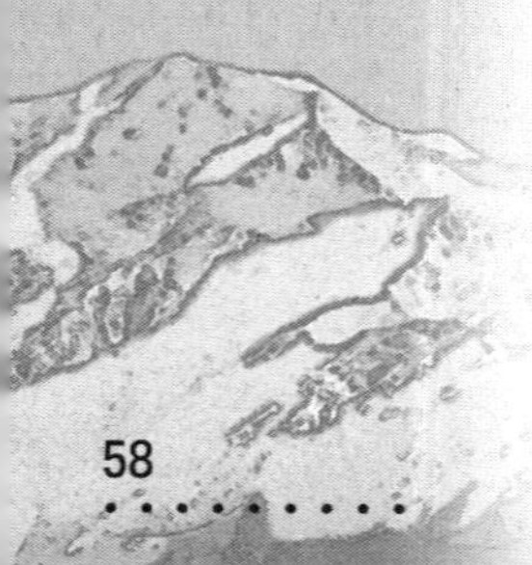

Eine Grundidee der Bedürfnispyramide besagt, dass ein Bedürfnis nur so lange motiviert und das Handeln beeinflusst, wie es unbefriedigt bleibt. Ist beispielsweise in einer Gruppensituation die soziale Anerkennung erreicht, muss nicht mehr um sie geworben werden. Maslow unterscheidet aber noch zwischen Defizitbedürfnissen und Wachstumsmotiven. Dort, wo die Defizitmotive nicht bedient werden können, wie zu Beispiel beim Bedürfnis nach Sicherheit, können Wachstumsmotive nicht gelebt werden. Wenn also in einem Hochseilgarten ein Führungstraining für Führungskräfte durchgeführt wird, ein Teilnehmer jedoch Höhenangst hat, wird dieser sein Wachstumsmotiv, nämlich eine gute Führungsperformance zu zeigen, kaum erreichen können. Ihm müssten dann andere Aufgaben gegeben werden, um frei von Höhenangst agieren zu können.

Selbstverwirklichung auf Traumtouren

2.5 Persönlichkeitspsychologische Aspekte

Persönlichkeitspsychologie ist ein Teilgebiet der Psychologie und befasst sich mit den Unterschieden zwischen einzelnen Personen aber auch unterschiedlichen Zuständen innerhalb einer Person. In der Psychologie bezeichnet der Begriff Persönlichkeit die Gesamtheit der Persönlichkeitseigenschaften eines Menschen, also seiner relativ zeitstabilen Verhaltensbereitschaft. Umgangssprachlich und in der Philosophie bezeichnet der Begriff die Gesamtheit der persönlichen Eigenschaften und Gemütszustände, die den Charakter eines Individuums ausmachen.

Im folgenden Kapitel werden zwei bekannte Modelle vorgestellt, die eine erste Strukturhilfe und ein gutes Wahrnehmungsraster für die Arbeit mit Menschen darstellen. Allerdings sollte man dabei beachten, dass alle psychologischen Modelle Vereinfachungen des Menschen darstellen und nicht dazu gedacht sind, sie nur noch einseitig in Schablonen zu betrachten.

2.5.1 Persönlichkeitsmerkmale „Big Five"

Bei den Big Five, dem Fünf-Faktoren-Modell (FFM), handelt es sich um ein eigenschaftstheoretisches Modell der Psychologie, das fünf unabhängige Dimensionen beschreibt, nach denen sich Personen unterscheiden. Die Entwicklung der Big Five begann bereits in den 1930er Jahren (durch Gordon Allport & Odberg) mit dem lexikalischen Ansatz (Beschreibung des Menschen durch Adjektive). Zwei der wichtigsten Vertreter um die Big Five sind Paul T. Costa und Robert R. McCrae (Borkenau, Ostendorf; 1993, S. 5-10, 27-28).
Auf der Grundlage dieses Modells entwickelten sie mit dem NEO-Fünf-Faktoren-Inventar, einen heute international gebräuchlichen Persönlichkeitstest für Jugendliche und Erwachsene.
In wissenschaftlichen Kreisen ist die Big Five heute das am weitest akzeptierte und verwendete Modell der Persönlichkeit.

Die 5 Persönlichkeitsmerkmale sind:

- **Extraversion (Außen oder Innenorientierung)**
- **Emotionale Stabilität**
- **Offenheit für neue Erfahrungen**
- **Verträglichkeit**
- **Gewissenhaftigkeit**

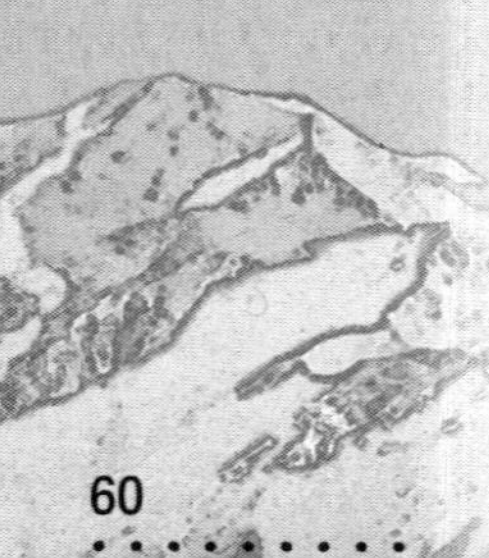

Extraversion
Dieses Persönlichkeitsmerkmal zeichnet sich durch ein stark nach Außen orientiertes Verhalten aus. Extravertierte Persönlichkeiten empfinden den Austausch und das Handeln innerhalb von Gruppen als anregend und motivierend. Typisch extravertierte Menschen sind gesellig, gesprächig, bestimmt, aktiv, energisch, oft auch dominant, enthusiastisch und abenteuerlustig. Unter dem Blickwinkel von Führen und Leiten tendieren extravertierte Personen eher dazu, im Mittelpunkt zu stehen, gerne Führung zu übernehmen oder auch mal eine „Show" abzuziehen.
Die Innenorientierung (Introversion) ist dabei der genaue Gegenpol. Introvertierte Charaktere verhalten sich in Gruppen eher auf sich bezogen, zurückhaltend, überlegend, still, sorgfältig, bisweilen scheu und zurückgezogen. Sie können einfach gut allein sein, sind aber nicht besonders kommunikativ. Das Führen von Gruppen bedeutet aber vor allen in Risikosituationen immer zu kommunizieren. Eine starke Innenorientierung und ein daraus resultierender Mangel an Kommunikation können also in solchen Situationen kritisch sein.

Emotionale Stabilität
Dieses Persönlichkeitsmerkmal beschreibt, wie sich Menschen in emotionalen Situationen und vor allem in belastenden Situationen fühlen und verhalten. Bleiben sie dabei also eher stabil oder sind sie leicht aus dem Gleichgewicht zu bringen. Emotional stabile Menschen sind eher entspannt, unbeschwert, lassen sich in hektischen Situationen nicht so schnell aus der Ruhe bringen, fühlen sich sorgenfrei, ausgeglichen und sind insgesamt belastbar. Dies kann ein großer Vorteil gerade in Stresssituationen sein (vgl. Kap 3.5 Wahrnehmung und Entscheidungsfindung).
Emotional instabile Menschen sind leicht zu beunruhigen, nervös, ängstlich und sorgenvoll, schnell verlegen, unsicher und oft um ihre Gesundheit besorgt. Eine zu vorsichtige Leitung kann eine Gruppe stark einengen und in ihren Entfaltungswünschen begrenzen.

Offenheit für Erfahrungen
Mit dieser Eigenschaft werden das Interesse und das Ausmaß der Beschäftigung mit neuen Erfahrungen, Erlebnissen und Eindrücken beschrieben. Personen mit hohen Offenheitswerten geben häufig an, dass sie ein reges Phantasieleben haben, ihre eigenen Gefühle, positive wie negative, wahrnehmen und an vielen persönlichen und öffentlichen Vorgängen interessiert sind. Sie beschreiben sich als wissbegierig, intellektuell, phantasievoll, experimentierfreudig und künstlerisch interessiert. Sie sind eher bereit, bestehende Normen kritisch zu hinterfragen und auf neuartige soziale, ethische und politische Wertvorstellungen einzugehen.
Sie sind unabhängig in Ihrem Urteil, verhalten sich häufig unkonventionell, erproben neue Handlungsweisen und bevorzugen Abwechslung. Diese Neugierde sollte aber nicht dazu führen, bestehende Sicherheitsnormen und Standards permanent in Frage zu stellen oder zu verändern.

Personen mit niedrigen Offenheitswerten neigen demgegenüber eher zu konventionellen und traditionsbewussten Verhalten, zeigen sich bodenständig und konservativ. Sie ziehen Bekanntes und Bewährtes dem Neuen vor, und sie nehmen ihre emotionalen Reaktionen eher gedämpft wahr. Wenn wir allerdings dazu neigen, neue Situationen immer mit alten Verhaltensweisen zu begegnen, könnte unsere Wahrnehmung in Risikosituationen darunter leiden. Nur weil wir an dieser Stelle im Gelände das immer schon so gemacht haben, heißt das nicht automatisch, das auch zukünftige Situationen so am besten zu managen sind.

Verträglichkeit
Ein zentrales Merkmal von Personen mit hohen Verträglichkeitswerten ist ihr Altruismus. Sie begegnen anderen mit Verständnis, Wohlwollen und Mitgefühl, sie sind bemüht, anderen zu helfen und überzeugt, dass diese sich ebenso hilfsbereit verhalten werden. Sie neigen zu zwischenmenschlichem Vertrauen, zur Kooperativität, zur Nachgiebigkeit, und sie haben ein starkes Harmoniebedürfnis. Kritisch muss diese Fähigkeit in Entscheidungssituationen dann gesehen werden, wenn wir als Guide unsere Entscheidungen in Risikosituationen zu sehr der Gruppe anpassen.
Personen mit niedrigen Verträglichkeitswerten beschreiben sich im Gegensatz dazu als egozentrisch und misstrauisch gegenüber den Absichten anderer Menschen. Sie verhalten sich eher rivalisierend als kooperativ, sind skeptisch, kritisch, unsentimental und lassen sich auch nicht der Harmonie willen zu Entscheidungen drängen. Eine distanzierte Haltung zur Gruppe ermöglicht aber gerade in Risikosituationen, einen kühlen Kopf zu bewahren und sich nicht beeinflussen zu lassen.

Gewissenhaftigkeit
Personen mit hohen Gewissenhaftigkeitswerten handeln organisiert, sorgfältig, planend, effektiv, verantwortlich, zuverlässig, überlegt, sind pedantisch und anspruchsvoll.
Viele Outdoor Situationen verlangen eine sorgfältige Planung und zuverlässiges Handeln.
Personen mit niedrigen Gewissenhaftigkeitswerten handeln eher locker, gleichgültig, nachlässig, unsorgfältig, unbeständig, unachtsam und ungenau. Das hat in Risikosituationen möglicherweise folgenschwere Auswirkungen.

Die Ausprägungen auf den beschriebenen Fünf Dimensionen können extrem oder moderat sein und können situationsbedingt angemessen oder nachteilig sein.
Eine differenzierte Erkundung dieser Dimensionen hat den Vorteil, sich selbst besser kennen und beobachten zu lernen. Dies übersteigt jedoch die Zielsetzung des Buches. Ich werde deswegen am Ende des Kapitels noch auf geeignete Literatur zur Vertiefung hinweisen.

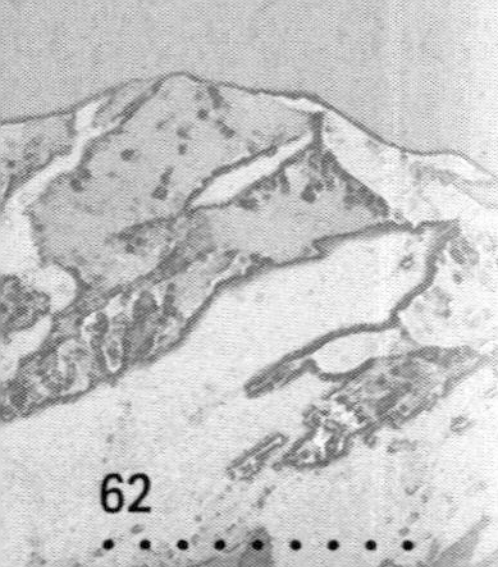

2.5.2 Charakterkunde nach Riemann/Thomann

Das „Riemann-Thomann-Modell" (Thomann, Schultz von Thun 2000, S.149-162) kommt aus der humanistischen Psychologie und ist in der Outdoor Trainings- und Beratungsszene ein häufig verwendetes Modell zur Beschreibung von Persönlichkeitsstrukturen. Fritz Riemann war Psychologe, Psychoanalytiker und hatte eine eigene psychotherapeutische Praxis. Er war Mitbegründer der heutigen Akademie für Psychoanalyse und Psychotherapie in München. Christoph Thomann ist Psychologe, gehört zum Arbeitskreis von Prof. Schulz von Thun und arbeitet als Berater mit Schwerpunkt Kommunikation.

Das Modell beschreibt Charaktereigenschaften und wendet sich grundsätzlich zwei unterschiedlichen Dimensionen zu:

1. **dem Leben im Raum** mit seinem innewohnenden Thema Annäherung oder Abgrenzung
2. **dem Leben in der Zeit** mit dem ihm innewohnenden Thema Berechenbarkeit oder Unberechenbarkeit

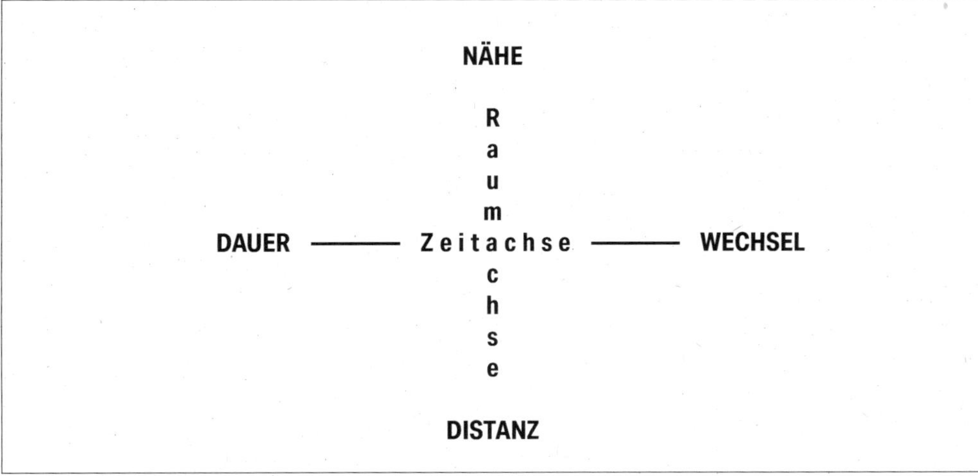

Die vier Pole des Kreuzes beschreiben existenzielle Lebensanforderungen, denen sich alle Menschen im Verlauf ihrer Entwicklung stellen. Durch die unterschiedliche Ausprägung dieser vier Dimensionen bilden sich die verschiedenen Persönlichkeitsstrukturen und Charaktere heraus.

Zu 1. Leben im Raum

Wir alle erleben die Welt räumlich – und haben eine gewisse Wahlfreiheit, ob wir Dingen und Personen gegenüber NAHE sein oder auf DISTANZ gehen wollen. Egal wie viel Nähe wir zur Außenwelt ersehnen, wir bleiben mit dem Moment der Geburt dennoch von ihr getrennt und können nicht mit ihr verschmelzen. Und egal wie viel Distanz wir zur Außenwelt suchen, wir können diese nicht aus unserem Leben entfernen.

Nähe bedeutet:
dass wir uns der Welt, dem Leben und den Mitmenschen vertrauend öffnen, uns auf sie einlassen sollen und mit dem Fremden, dem „Nicht-Ich" in Austausch treten. Nähe bedeutet in ihrer vollsten Konsequenz Hingabe an das Leben.

Distanz bedeutet:
ein einmaliges Individuum zu werden, sich gegen andere abzugrenzen und Eigensein bejahen, sodass wir eine unverwechselbare Persönlichkeit werden und kein austauschbarer Massenmensch, der im Kollektiven stecken bleibt.

Zu 2. Leben in der Zeit

Wir alle leben im Fluss der Zeit und sind Veränderungen und Überraschungen unterworfen. Wollen wir uns selbst, unsere Umgebung und unsere Beziehungen angesichts des stetigen Veränderungsdruckes absichern, planen, ordnen und bewahren oder sie ungefiltert auf uns zukommen lassen und uns ihnen hingeben? Durchschiffen wir den ungewissen Fluss der Zeit so wie er ist oder versuchen wir ihn durch Dämme oder Wehre zunächst unter Kontrolle zu bringen?

Dauer bedeutet:
wir wollen uns auf der Welt häuslich niederlassen und einrichten, die Zukunft planen, zielstrebig sein und dann alles beim Alten und Bewährten lassen.

Wechsel bedeutet:
dass wir immer bereit sind uns zu wandeln, Veränderungen und Entwicklungen zu bejahen, Vertrautes aufzugeben, Traditionen und Gewohntes hinter uns zu lassen.

Es geht also in der Zeitdimension um Kontinuität oder um Veränderungsbereitschaft.

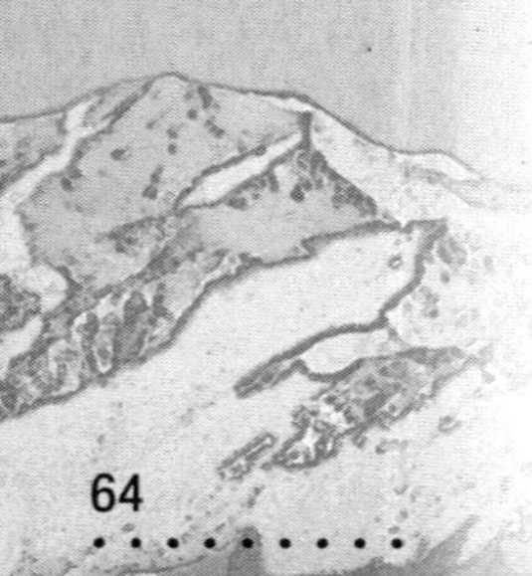

NÄHE

Sonnenseiten	Schattenseiten
Sonnenseiten Kontaktfähig, ausgleichend, Herzlichkeit, Geborgenheit, Liebe, selbstlos, verständnisvoll, akzeptierend	**Schattenseiten** Auseinandersetzungen vermeiden, Nicht Nein sagen können, leicht ausnutzbar Moralischer Anspruch, „Opfer-Mentalität"
Sonnenseiten Prinzipien, Klarheit, verlässlich, systematisch, Ordnung, Organisationstalent	**Sonnenseiten** Unterhaltsam, charmant, begeisterungsfähig, abenteuerlustig, spontan, kreativ, Improvisationstalent
DAUER	**WECHSEL**
Schattenseiten Pedantisch, unflexibel, Kontrolle, starr, absichernd, risikoscheu, *„Das haben wir immer schon so gemacht"*	**Schattenseiten** Unzuverlässig, launenhaft, chaotisch, flüchten statt standhalten, Selbstglorifizierung, leicht verführbar
Sonnenseiten Eigenständig, konfliktfähig, abgrenzungsfähig, Überblick, verlässlich, entscheidungsfähig, pragmatisch	**Schattenseiten** Kontaktscheu, abweisend, unpersönlich, Angst vor Hingabe, „Bücherwurm", Auf niemanden angewiesen sein wollen

DISTANZ

Riemann Thomann Modell

Das seelische Heimatgebiet

Durch unterschiedliche Einflüsse und Lebenserfahrungen entwickeln sich im Laufe des Lebens eines Menschen vermehrte Tendenzen in die eine oder andere Richtung dieser Dimensionen auf dem Kreuz. Neben einer Ausgewogenheit und normalen Verteilung von Nähe/Distanz und Dauer/Wechsel Eigenschaften akzentuieren sich also bestimmte Neigungen derart, dass diese letztlich den Charakter und die Persönlichkeit ausmachen. Diese Richtung oder dieses Kristallisationsfeld auf dem Riemann/Thomann Kreuz, wird dann als sein seelisches *„Heimatgebiet"* (Stahl, 2002, S. 231) betrachtet. Vor dem Hintergrund dieses Heimatgebietes, lassen sich bestimmte Verhaltensweisen ableiten oder auch vorhersehen.

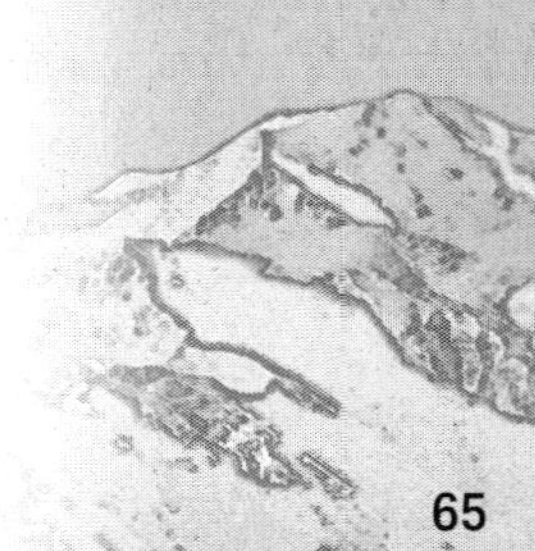

Typische „Nähe-Menschen" suchen den Kontakt zu ihren Mitmenschen. Der emotionale Austausch ist ihnen dabei zunächst wichtiger, als ein sachlicher Kontakt. Nähe-Menschen können gut eine herzliche Atmosphäre schaffen und haben ein hohes Einfühlungsvermögen in ihre Mitmenschen (Empathie). Häufig findet sich bei ausgeprägten Nähe-Menschen eine Angst vor dem Alleinsein, dem Verlassenwerden oder vor der „Selbstwerdung". Diese kann als mangelnde Geborgenheit oder Isolierung erlebt werden. Daraus können Trennungsängste und eine verminderte Konfliktfähigkeit entstehen. In Bezug zum Leitungs- und Führungsverhalten bedeutet eine verminderte Fähigkeit zur Konfrontation oder ein „Es – allen – Recht – machen – wollen" die Gefahr, Entscheidungen stark an Gruppewünschen anzupassen und dadurch möglicherweise größere Risiken einzugehen.

Typische „Distanz-Menschen" sind eher selbständig und wollen unabhängig sein. Sie wollen niemandem verpflichtet sein und kommen gut alleine klar. In Gruppen wirken sie oft kühl, distanziert und unpersönlich. Häufig findet sich unter Distanz-Menschen eine Angst vor Emotionen und eine mangelnde Fähigkeit zur Hingabe. Nähe wird mitunter als „Ich-Verlust" und Abhängigkeit erlebt. In Entscheidungssituationen lässt sich der Distanz Mensch eher weniger von der Gruppe beeinflussen. Dies hat den Vorteil, sich von Gruppenwünschen unabhängig machen zu können. Kritische Hinweise aus der Gruppe in einer Gefahrensituation werden dann aber möglicherweise weniger beachtet.

Typische „Dauer-Menschen" zeigen ausgesprochene Tendenzen gut zu planen, strukturiert zu arbeiten und die Arbeit systematisch und ordentlich durchzuführen. Das verschafft ihnen Sicherheit und Stabilität. Was gut ist, muss nicht verändert werden. So wollen sie am liebsten Bewährtes beim Alten belassen. „Dauer-Menschen" sind sehr verlässlich. Neuen Erfahrungen gegenüber zeigen sie sich jedoch wenig aufgeschlossen. Manchmal halten sie stur an Dingen fest. Dahinter steckt oft die Angst vor dem Ungewissen, der Wandlung, vor der Veränderung, die als Unsicherheit, Unberechenbarkeit und Vergänglichkeit erlebt wird.
Entscheidungen beim „Dauer-Menschen" vollziehen sich stets systematisch und logisch. Neuen Erkenntnissen, auch der Risikoforschung gegenüber, verhalten sie sich häufig erst einmal skeptisch gegenüber.

Typische „Wechsel-Menschen" sind kreativ, spontan und abenteuerlustig Sie sind stets aufgeschlossen gegenüber Veränderungen und dem allgemeinen „Reiz des Neuen". Je reizvoller das Leben, desto besser. Versuchungen können sie sich manchmal nur schwer entziehen. Sie sind oft unterhaltsam und ihr Charme hat schnell gewinnenden Charakter in Gruppen.
Sie fürchten aber Einschränkungen durch Regeln und Gesetze und fühlen sich dadurch in ihrem Freiheitsdrang begrenzt. In Entscheidungssituationen gehen sie häufig weniger systematisch, sondern eher spontan und impulsiv vor.

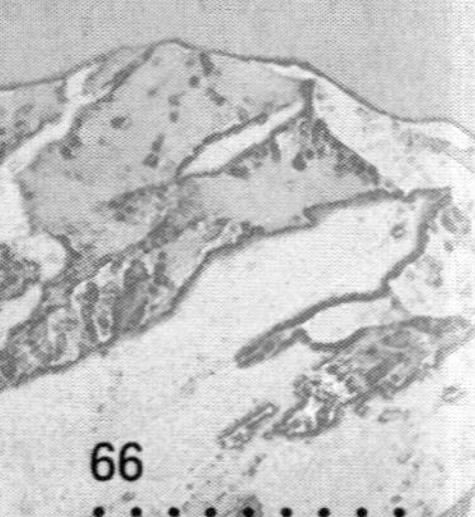

Das „seelische Heimatgebiet“ ist also für uns nach diesem Modell unsere Charakterstruktur. Ziele, die wir im Leben allgemein, als Teil einer Gruppe oder auch als Leitung verfolgen, stehen in direkter Beziehung dazu. Wenn diese Tendenzen sich zur Einseitigkeit ausprägen, fällt es uns oft schwer, einen Gegenpol zuzulassen, da dieser als fremd erlebt wird. Dies führt uns somit unsere „Begrenztheit“ vor Augen. *„Dementsprechend wäre es als ein Zeichen von seelischer Gesundheit anzusehen, wenn jemand die vier Grundimpulse in lebendiger Ausgewogenheit zu leben vermöge.“* (Riemann 2002, S. 17).

Oder anders ausgedrückt: ***„Wer immer nur das tut, was er immer schon getan hat, wird auch nur das erfahren, was er immer schon erfahren hat“.*** Paul Watzlawick

Insofern kann das Riemann/Thomann Modell für das persönliche Leben, aber auch für Führung und Leitung nützliche Entwicklungsschritte aufzeigen.
Interessant ist das Modell auch für die Arbeit im gruppendynamischen Kontext. Gruppen können nämlich ebenfalls gewisse „Heimatgebiete“ entwickeln, in denen sich bestimmte Normen und Werte im Umgang untereinander etablieren. Gerade Gruppen mit starker Nähe Tendenz und einem Harmoniebedürfnis vermeiden eher kritisches Hinterfragen und nehmen sich selbst die Chance, ihre blinden Flecken zu erkennen.

Die Stärke des Riemann/Thomann Modells ist also neben der Erkundung individueller Persönlichkeitsstrukturen, auch die Einschätzung von Gruppen- oder Teamkulturen wie Nähe Kultur, Distanzkultur, Dauerkultur, Wechselkultur oder auch Mischformen im Riemann/Thomann Kreuz.
Darüber hinaus weist das Modell auch auf verschiedene Leitungs- und Führungsthemen hin, die je nach Zielsetzung oder erwünschten Kultur vom Guide zieldienlich eingebracht werden können oder sogar müssen (z.B. Spaßkultur versus Ernsthaftigkeit und Sorgfalt).
Wenn der Guide das Heimatgebiet einer Gruppe einzuschätzen vermag, kann er sich besser auf die dahinter liegenden Bedürfnisse einstellen. Spannungen innerhalb der Gruppe können dann verdeutlicht und Entwicklungsziele mit der Gruppe erarbeitet werden.

Worauf kann man im Outdoorprogramm achten?

NÄHE

Humor, Herzlichkeit, Atmosphäre, Erleben, Begleiter – nicht Lehrer,
Befindlichkeiten, Musik, Kerzen, Details, keine Tische, Körperarbeit, Entspannung

Struktur, Klarheit, pünktlich, Orientierung	Offen sein für Neues, Vielseitig, kreativ, flexibel
DAUER	**WECHSEL**
Verbindlichkeit, Ergebnisse, Ziele, Teilnehmerunterlagen	Prozessorientierung, offener Ausgang, Konzepte weiterentwickeln, „open end“

Zeitmanagement, Überblick über die Themen,
Unterschiede feststellen und akzeptieren, Provokation ermöglichen,
Zeit zum Allein sein, geistige Verarbeitung, intellektueller Anspruch

DISTANZ

Aufgaben des Guides nach Riemann/Thomann Modell

Sowohl das Big Five als auch das Riemann/Thomann Modell stellen also eine Strukturhilfe dar, die die eigene Selbstwahrnehmung und die soziale Wahrnehmung verbessern können. Beide Modelle haben gewisse Ähnlichkeiten, was gerade dem weniger erfahrenen Leser helfen kann, die unterschiedlichen Dimensionen von Persönlichkeit besser zu verstehen.

Im Grunde genommen kann man sich bereits beim Lesen in den verschiedenen Aspekten wieder finden. Um das genauer herauszufinden, möchte ich auf Tests oder Selbsteinschätzungsbögen verweisen, denn das würde die Zielsetzung des Buches übersteigen. Wer sich damit also intensiver beschäftigen möchte, dem sei folgende Literatur empfohlen:

Borkenau, P. & Ostendorf, F.: NEO-Fünf-Faktoren-Inventar (NEO-FFI) nach Costa und McCrae, Göttingen
Riemann, F.: „Grundformen der Angst“, Ernst Reinhardt Verlag Basel
Stahl, E.: „Dynamik in Gruppen“, Beltz Verlag Weinheim

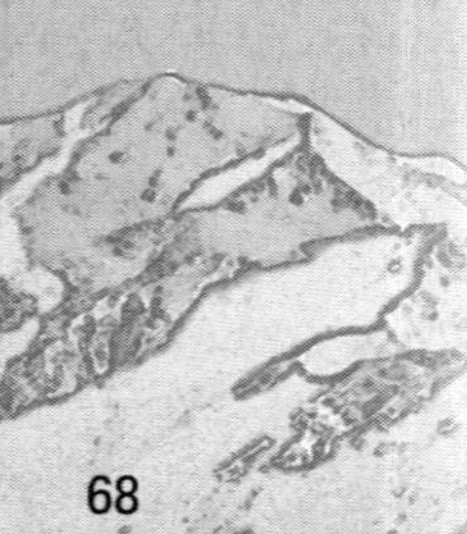

2.6 Sozialpsychologische Aspekte

Seit Jahrtausenden gehört das Leben in Gruppen zu unserer menschlichen Existenz. Der Mensch baut seine Gesellschaftsform, seine Werte und seine Kultur auf das Leben im sozialen Gefüge auf. Wir brauchen andere Menschen für Gemeinschaftserlebnisse, für soziale Lernprozesse, um produktiv in Projekten oder Teams arbeiten zu können, für Fremdeinschätzungen (Feedback) und um persönlich weiter reifen zu können.
Die Sozialpsychologie ist sowohl ein Teilgebiet der Psychologie als auch ein Teilgebiet der Soziologie. Die Sozialpsychologie erforscht im weitesten Sinne die Auswirkungen sozialer Interaktionen auf Gedanken, Gefühle und Verhalten des Individuums und in Gruppen. Entscheidungsprozesse und Risikoverhalten in Gruppen spielen für Sicherheitskonzepte und Risikomanagementdiskussionen eine große Rolle und wurden bereits häufig in alpinen Medien publiziert oder auf Fachtagungen diskutiert.

Da gewisse Grundkenntnisse über Gruppendynamik zur Qualifikation jedes Guides gehören, beschreibe ich zunächst zwei praxiserprobte Modelle und wende mich dann abschließend dem Risikoverhalten in Gruppen zu.

2.6.1 Sachebene und psychosoziale Ebene

Das Miteinander in Gruppen ist bei genauerer Betrachtung sehr komplex. Eine Gruppe, die zusammenkommt, funktioniert auf zwei Ebenen, die auf sie einwirken und mit der sie sich in unterschiedlicher Intensität auseinandersetzt.
Die **Sachebene** beschreibt die sachliche Seite oder das Thema, weswegen man zusammenkommt wie beispielsweise das Outdoorprogramm, der Ausbildungskurs, eine konkrete Outdoor Aktion oder eine bestimmte Tour.
Die **psychosoziale** oder **Beziehungsebene** wendet sich dem sozialen Innenleben einer Gruppe zu. Hierbei geht es um den gesamten zwischenmenschlichen Bereich wie Spaß, Kommunikation, Vertrauen, Angst, Fürsorge oder Ablehnung. Das Gruppenklima findet auf dieser Beziehungsebene hier seinen spezifischen Ausdruck.

Beide Ebenen stehen immer in Wechselbeziehung zueinander. Je nach Situation oder auch Auftrag, werden diese Ebenen vom Guide unterschiedlich gewichtet oder auch thematisiert. Der im Folgenden vorgestellte TZI Ansatz strebt immer eine Balance von Sach- und Beziehungsebene an.

2.6.2 Modell der Themenzentrierten Interaktion TZI

Das bekannte und in der Arbeit mit Gruppen sehr bekannte TZI-Modell geht auf die Psychoanalytikerin Ruth Cohn (Cohn, 1980) zurück. Darin beschreibt sie ein Spannungsfeld in Gruppen mit drei Faktoren:

- Das Thema (Sachebene)
- Die Gruppe (Beziehungsebene)
- Der Einzelne (Beziehungsebene)

Darüber hinaus gibt es noch ein Umfeld (Globe), der das Spannungsdreieck von außen beeinflussen kann.

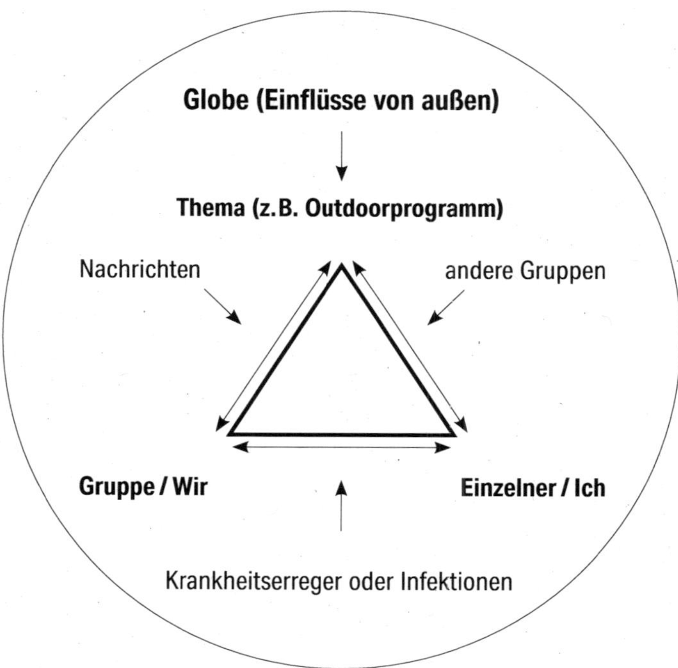

Das Thema/Die Sache

Die Gruppe ist zusammengekommen um etwas zu tun. Man hat also ein Thema, mit dem man sich beschäftigen möchte oder muss. Die Aktion oder die Tour ist vom Guide oder vom Auftrag vorgegeben oder wurde von der Gruppe gemeinsam ausgesucht und entschieden.

Der Einzelne/Das Ich

Jedes Gruppenmitglied kommt mit seiner eigenen Persönlichkeit, seinen Stimmungen, Vorerfahrungen, Wünschen und Bedürfnissen in die Gruppe und jeder versteht oder verbindet mit dem Thema eine eigene Vorstellung oder ein eigenes Ziel. Das können die Vorfreude, Erwartungen und Ängste oder auch eine gute Vorbereitung und eine hohe Motivation sein. Dieses Grundmotiv kann sich aber auch auf das Kennen lernen der Gruppe beziehen. Bin ich neugierig auf die anderen oder will ich mich lieber abgrenzen? Auf die verschiedenen Ausgangsmotive der Teilnehmer wurde bereits mehrfach hingewiesen.

Die Gruppe/Das Wir

Die vielen einzelnen Individuen reden mehr oder weniger miteinander, erleben gemeinsames und man ist sich auf Anhieb sympathisch, oder auch nicht. Dabei treffen Werte, Wünsche und Normvorstellungen aufeinander, die allmählich eine Gruppendynamik auslösen.

Der Globe

Der Globe beschreibt Rahmenbedingungen und Hintergründe des Zusammenkommens aber auch externe Einflüsse wie Wetterveränderungen, die Lernsituation auf einer Hütte oder im Camp, benachbarte Gruppen und ähnliches.

Diese Einflüsse können je nach Intensität förderlich oder störend wirken. Manchmal werden sie gar nicht wahrgenommen („Inselsituation" und „Heile Welt").

2.6.3 Gruppenleitung nach TZI

Für den Guide und die Teilnehmenden ist das TZI-Modell ein hilfreiches Rahmenmodell, das als Steuerungsinstrument Kommunikation, Interaktion, Verhalten und Entscheidungsprozesse untereinander verstehbar macht und gleichzeitig fördert. Durch strukturierte Gesprächsrunden können mit den Teilnehmern deren Wünsche, Bedürfnisse, Anliegen oder auch Störungen herausgefunden werden. Vor allem visualisiert bietet es einen Leitfaden für ein moderiertes Gruppengespräch. Die dabei gewonnenen Erkenntnisse können dann in die Programmgestaltung hineinfließen.

Letztlich wird im TZI Ansatz immer versucht eine Ausgewogenheit zwischen den Anforderungen der Sachthemen („Wir haben ein definiertes Programm."), den Interaktionen in der Gruppe („Wir wollen uns besser kennen lernen.") und den Bedürfnissen des Individuums („Ich bin rein sportlich motiviert.") anzustreben.

Spannungen oder unterschwellige Konflikte werden schnell entdeckt und können dann bearbeitet werden. Im Kapitel 3.4.4 wird speziell zum Thema Risikomanagement ein aus dem TZI Ansatz abgewandeltes Modell vorgestellt, das sich bereits in der Trainer Ausbildung des Deutschen Alpenvereins bewährt hat.

Fallbeispiel Erlebnispädagogik:

Eine Gruppe Jugendlicher Auszubildende fährt mit ihren Meistern auf eine betriebliche Maßnahme zum Thema Teamentwicklung. Sie sollen in speziellen Outdoor Übungen ihre Soziale Kompetenz und ihre Teamfähigkeit verbessern. Den Teilnehmern wurde von Beginn an signalisiert, dass sie sich aktiv in die Programm- und auch in die Freizeitgestaltung einbringen sollen. Im Verlauf der Maßnahme merkte die Leitung, dass irgendetwas nicht stimmte. Erst als in einer Gesprächsrunde die Leitung der Gruppe ihr ungutes Gefühl mitteilte, öffneten sich die Teilnehmer. Sie berichteten, dass man ihnen vor kurzem mitteilte, nach ihrer Lehrzeit könne die Übernahme in den Betrieb nicht mehr sichergestellt werden. Diese schlechte Perspektive bremste die aktive Mitgestaltung und Motivation seitens der Teilnehmer (Einfluss aus dem Globe). Auch die Aufmerksamkeit bei den sicherheitstechnisch anspruchsvolleren Situationen ließ durch die Stimmung zu wünschen übrig. Die Seminarleitung musste daraufhin ihr Konzept verändern. Die Ziele des Seminars, die stark betrieblich vorgegeben waren, wurden nach Absprache mit den begleitenden Meistern nun mit den Teilnehmern zusammen erarbeitet, um bestmögliche Erfahrungen und Ergebnisse zu generieren.

Praxistipp

Nach meinen Erfahrungen hat es sich bewährt, bei mehrtägigen Veranstaltungen mit der Gruppe ein „Kursmittengespräch" durchzuführen. Hierbei bekommt jeder Teilnehmer die Gelegenheit, sich zu den drei Bereichen des TZI Modells zu äußern. Das Gespräch sollte dabei in zwei Phasen verlaufen.

Phase 1 Der Guide sammelt zunächst alle Informationen von den Teilnehmern. Es wird aber keine inhaltliche Diskussion zugelassen. Der Guide hat nun einen Eindruck über das Klima in der Gruppe und über die Wünsche der Teilnehmer.

Phase 2 Nun kann er mit den Teilnehmern eventuelle Veränderungen der Rahmengestaltung (Zeit, Pausen, Verpflegung ...) und eventuelle Veränderungen im Programm (Lerntempo, Lernatmosphäre, Ziele ...) besprechen.

2.6.4 Dynamik und Entwicklung in Gruppen

„Das zielgerichtete Miteinander ist die wesentliche und hinreichende Voraussetzung, um von Gruppe sprechen zu können" (Stahl, 2002, S. 4).

Bedürfnisse und Ziele sind also die Grundelemente einer Dynamik in Gruppen, aus denen im Verlauf des Gruppenprozesses immer wieder neue Konstellationen und Formationen des Miteinanders entstehen. Insofern stellen für die Arbeit mit Gruppen die Bedürfnispyramide nach Maslow, das Riemann/Thomann Modell und der TZI Ansatz eine grundlegende Basis dar.

Wer sich intensiver mit Gruppenarbeit, gruppendynamischen Prozessen und Risikoverhalten in Gruppen auseinandersetzen möchte, findet in diesem Kapitel eine breite und praxiserprobte Grundlage dazu.

Gruppendynamik

Gruppenphasen – typische Entwicklungen in Gruppen

Gruppen entwickeln in ihrer Interaktion immer eine eigene gewisse Dynamik. Diese Dynamik hat vom Beginn bis zum Ende der Zusammenkunft typische Verläufe und diese typischen Verläufe werden in verschiedenen Gruppenphasenmodellen beschrieben. Ich beziehe mich hier auf das praxiserprobte Modell von Tuckmann (Tuckmann, 1965), mit dem ich gute Erfahrungen gemacht habe und hier in einer etwas modifizierten Form darstellen möchte.

Das Modell gliedert die möglichen Entwicklungsphasen einer Gruppe in:

- **Forming** **die Einstiegs- und Findungsphase**
- **Storming** **die Auseinandersetzungsphase**
- **Norming** **die Regelungs- und Übereinkommensphase**
- **Performing** **die Arbeits- und Leistungsphase**
- **Closing** **die Abschlussphase**

Die einzelnen Phasen werden nun näher beschrieben und ihre Bedeutung für das Verhalten des Guides erörtert.

Gruppenphase	Aufgaben für den Guide
Forming **– die Gruppe bildet sich –** Die Gruppenstruktur ist geprägt durch konventionelle Umgangsformen, Anpassung, und Small-Talk. Die Teilnehmer orientieren sich zunächst an den Rahmenbedingungen und an dem, was die Leitung an offiziellen Regeln vorschlägt. Das Klima ist geprägt durch Vorsicht und Freundlichkeit, aber auch abwartenden Verhalten. Langsam suchen die Teilnehmer ihre Rolle und es stellen sich dann auch inoffizielle Themen heraus. **Gefahren:** „Fried-Höflichkeit"	**Forming** **– Sicherheit geben –** • Eindeutige Strukturen schaffen. • Ankommen und Raum für Kennen lernen fördern. • Akzeptierendes Klima schaffen • Kein „herausheben" von einzelnen Teilnehmern. • Erste Ziele und Spielregeln festlegen oder mit der Gruppe einen ersten Gruppenvertrag erarbeiten (Siehe Seite 77) • Verantwortung in Sicherheitsfragen obliegen noch der Gruppenleitung.

Gruppenphase	Aufgaben für den Guide
Storming **– aneinandergeraten –** Die Gruppenstruktur ist geprägt durch individuelle Bedürfnisse, Konkurrenzverhalten, Abgrenzung und Kritik (ggf. auch gegenüber der Leitung). Die Teilnehmenden trauen sich, mehr von sich zu zeigen, äußern individuelle Bedürfnisse und zeigen offener Antipathien und Sympathien. Sie versuchen nun den passenden Platz für sich zu finden und arbeiten dafür. Das Klima ist geprägt durch Auseinandersetzung, Spannungen oder auch Konflikte. **Gefahren:** Ausweichung in Kleingruppen und dadurch keine Weiterentwicklung als Gesamtgruppe. Verletzender Umgang miteinander.	**Storming** **– Spannungen aushalten –** • Bejahende Grundhaltung einnehmen • Störungen haben Vorrang • Konflikte sind Chancen • Nichts „persönlich" nehmen. • Angebote zur Konfliktklärung zwischen einzelnen Teilnehmern. • Keine Harmonie herbeiführen und keine Schönfärberei betreiben. „Es ist grad, wie es ist." • Bei sicherheitsrelevanten Aktionen haben diese Störungen immer Vorrang. Eine Kletteraktion mit Spannungen und Konflikten kann sehr gefährlich werden. Hier muss ein Abbruch in Erwägung gezogen werden, um zuerst den Konflikt konstruktiv zu klären.

Gruppenphase	Aufgaben für den Guide
Norming **– Verabredungen treffen –** Die Gruppenstruktur ist geprägt durch eine bewusste Lösungsfindung und Klärung. Die Teilnehmer entwickeln ein stärkeres „Wir-Gefühl", erarbeiten für sich Normen und Spielregeln und finden klarer ihre Rollen. Das Klima ist häufig geprägt durch ein „Aufatmen" und „Durchatmen". Meinungen und Gefühle können nun offener ausgetauscht werden. **Gefahren:** Schein-Klarheit Unter den Tisch Fegen von Konflikten ohne wirkliche Klärungen. Langeweile, Verlust der Spontaneität	**Norming** **– Prozess begleiten –** • Raum geben für abschließende Aushandlungs- und Klärungsprozesse. • Bisherige Spielregeln und den Gruppenvertrag anpassen. • Gruppenselbststeuerung unterstützen. • Von der Gruppe aufgestellte Regeln fixieren und Einhaltung beobachten. • Werte und Inhalte der Normen kritisch überprüfen (z.B. psychische Sicherheit einzelner Teilnehmer). • Unter Sicherheitsaspekten ist zu prüfen, ob der Grad der Verantwortungsübernahme angemessen ist. • Sich als Leitung allmählich zurückziehen.

Gruppenphase	Aufgaben für den Guide
Performing **– gemeinsam produktiv –** Die Gruppenstruktur ist geprägt durch ein hohes Niveau von konstruktiver Energie, Kooperation und Identifikation. Die Teilnehmer setzen ihre individuellen Ressourcen gezielt ein, akzeptieren und respektieren ihre Stärken und Schwächen. Die Rollen sind flexibel und funktional. Das Klima ist geprägt durch konzentrierte Aktivität, verantwortliches Handeln und Solidarität. **Gefahren:** Selbstherrlichkeit und damit sinkende Produktivität, Aktionismus, krampfhaftes Festhalten an Bewährtem	**Performing** **– Topleistungen unterstützen –** • Allmähliches zurück ziehen bis zum unsichtbar werden der Leitung • Euphorie der Gruppe in Grenzen halten (Harmonie, Omnipotenz und Ewigkeitswunsch) • Wenig und sparsame Interventionen • Immer wieder überprüfen ob Ziele, Rollen, Klima und Sicherheit noch passen • Anspruchsvolle Aufgaben wählen – die Gruppe fordern und an ihre Ziele erinnern

Gruppenphase	Aufgaben für den Guide
Closing **– die Gruppe trennt sich –** Die Gruppenstruktur ist geprägt durch langsames Loslassen und innere Verabschiedung. Abschiedsrituale (letzter Abend!) werden gesucht. Die Teilnehmer bereiten geistig ihre Ankunft Zuhause vor, bringen emotionale Bande zu einem (vorläufigen) Abschied, resümieren, bewerten und ordnen. Das Klima ist geprägt durch Erinnerungseuphorie und Nostalgie, gleichzeitig Erleichterung und Realismus. **Gefahren:** Unversöhntes weggehen oder ungeklärtes Mitnehmen von Themen Kurz vor dem Ende aufbrechende Konfliktsituationen In ein „Loch fallen“ (Sinnverlust)	**Closing** **– Rahmen für ein Ende setzen –** • Ende als wichtige Phase wahrnehmen und Zeit dafür einplanen. • Akzeptieren, dass Teilnehmer zu unterschiedlichen Zeitpunkten in die Abschiedsphase kommen. • Themen abrunden und zusammenfassen • Ergebnisse und Zielformulierungen beschreiben. • Transfermöglichkeiten schaffen • Keine Hektik zum Ende • Zeit und Raum auch für informellen Abschied einräumen.

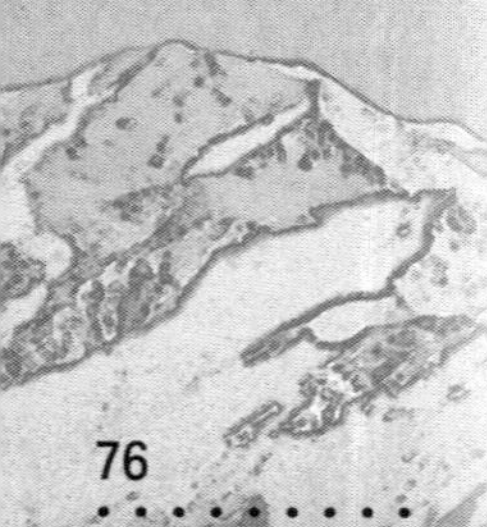

Praxistipp – Gruppenselbststeuerung und Gruppenvertrag

Gruppenselbststeuerung wird häufig in erlebnisorientierten und erlebnispädagogischen Programmen angewendet und bedeutet, Gruppen in ihrer Entwicklung zunehmend selbständig Aufgaben übernehmen und Entscheidungen auch ohne den Guide treffen zu lassen. Nur durch gemeinsame und reflektierte Erlebnisse, kann eine Gruppe zusammenwachsen und reifen. Die Lernreize sollten dabei jedoch an die Gruppe angepasst werden und angemessen sein. Junge Gruppen, also solche, die noch kaum Erfahrungen miteinander gesammelt haben, sollten nicht zu schnell in anspruchsvolle Situationen oder Problemlöseprojekte geschickt werden, denn dadurch werden sie häufig überfordert. Vor den Kooperationsaufgaben sollten also zunächst Kontakt und Kennenlernphasen stehen. Eine Übernahme von Aufgabenverantwortung in sicherheitsrelevanten Dingen braucht darüber hinaus eine sorgfältige Einführung und Zeit.

Bewährt hat sich hierbei das Prinzip **Ausbildung – Entwicklung – Selbstständigkeit.** Die Teilnehmer lernen zuerst in Ruhe die nötigen Fähigkeiten unter Beobachtung und die Übernahme von Verantwortung ist überschaubar. Im Laufe der Zeit werden sie dann allmählich in eine Phase der Selbstständigkeit und Performance begleitet. Am Anfang steht also für die Gruppenleitung mehr die Rolle des Führenden im Vordergrund und wird dann allmählich mehr zur Rolle des Begleiters.

Ein **Gruppenvertrag** kann hier sehr hilfreich sein, mit der Gruppe von Beginn an gewisse Vereinbarungen zu erarbeiten. Darin geht es in der Regel um Themen wie Pünktlichkeit, Rauchen, Handybenutzung, Umgang miteinander, Kursdokumentation und ähnliches. Diese Regeln sollen die Arbeitsfähigkeit der Gruppe sicherstellen und vor allem die Verantwortungsbereiche klären. Die Regeln vor allem bezüglich der Übernahme von Verantwortung müssen unter Umständen im Verlauf eines Outdoor Programms an neue Situationen angepasst werden.

Gruppen, die sich jedoch nur kurz und rein thematisch treffen, durchlaufen kaum diese typischen Entwicklungsstadien. Die Aufmerksamkeit wird ja auch nicht auf die Gruppendynamik gerichtet, sondern lediglich auf die Aufgaben. Dennoch findet Gruppendynamik statt.

Gruppendynamik zuzulassen oder gruppendynamisch zu arbeiten entspricht eher dem typischen Leiten und nicht dem Führen. Im Vorfeld muss aber der Auftrag dafür geklärt werden:

- Wie ist der Auftrag: Sachorientierung/Beziehungsorientierung/Mischform?
- Wissen das die Teilnehmer und akzeptieren sie das?
- Hat der Guide die Kompetenz, gruppendynamische Prozesse zu begleiten und zu moderieren?
- Gibt es sicherheitsrelevante Situationen, die ein rein gruppendynamisches Vorgehen zum Zielkonflikt machen und wie soll damit umgegangen werden?

Beispiel:

In einem Outdoor Ausbildungskurs gibt es typischerweise einen Lehrplan und ein methodisch-didaktisch ausgearbeitetes Kursformat. An diesem orientiert sich der Kurs verpflichtend. Gruppendynamik findet zwar statt, die Entwicklung der Gruppe ist aber in diesem Beispiel nicht das zentrale Thema. Dennoch macht es Sinn, die bereits erwähnte „Kursmittenrunde" nach dem TZI Dreieck strukturiert durchzuführen und zu moderieren. Das wäre dann eine kluge Mischform zwischen der Orientierung an verpflichtenden Sachzielen und den Interessen und Bedürfnissen der Teilnehmenden. Diese Vorgehensweise kann heute als Standard in allen Erwachsenenbildungsprogrammen angesehen werden, setzt jedoch die Offenheit des Guides voraus, so eine Gesprächsrunde zuzulassen und zu moderieren.

2.6.5 Rollen in Gruppen

Ein Verständnis für unterschiedliche Rollen und die Wahrnehmung dieser Rollen in Gruppen ist nützlich, um Gruppen in ihrer Interaktion und in ihren Mustern besser verstehen zu lernen.

Wenn umgangssprachlich von Rollen die Rede ist, können damit unterschiedliche Kategorien gemeint sein. Es gibt beispielsweise

- Geschlechterrollen (Mann und Frau)
- Familienrollen (Mutter, Vater, Kind, Cousin ...)
- Nationale Rollen (Franzosen, Deutsche, Amis ...)
- Psychologische Rollen
- Gruppendynamische Rollen
- Usw.

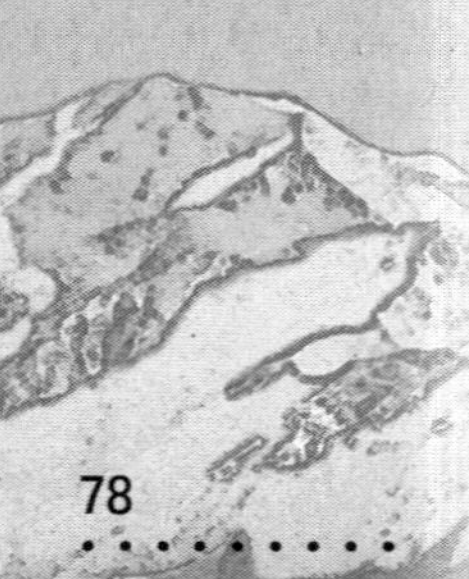

Rollen verkörpern gewisse Verhaltenswahrscheinlichkeiten ihrer Rollenträger. An Rollen sind häufig auch Erwartungen geknüpft. Existiert ein gleiches Grundverständnis über die Aufgaben dieser Rolle sowohl beim Rollenträger als auch in der Gruppe, werden die Erwartungen an diese Rolle erfüllt. Werden allerdings diese Aufgaben nur ungenügend oder gar nicht mehr ausgeführt, fällt also jemand „aus der Rolle", entstehen Irritationen, Störungen und Verunsicherungen.

Für die Arbeit mit Gruppen möchte ich zunächst die psychologischen und die gruppendynamischen Rollen erläutern.

Psychologische Rollen offenbaren ein Verhaltensrepertoire, das aus einer seelischen Prägung heraus erklärt werden kann. Die „Clown Rolle" möchte über den Spaß Aufmerksamkeit erregen oder im Mittelpunkt stehen. Das Bedürfnis der „Mütterlichen Rolle" ist Fürsorge, das „Nesthäkchen" möchte beschützt werden usw. Im Theater würde man diese Rollen als „Charakterrollen" bezeichnen. Darauf ist bereits in Kapitel 1 eingegangen worden.

Gruppendynamische Rollen beschreiben zwischenmenschliches Geschehen in der Gruppe. Hier wären beispielsweise zu nennen „Führer", „Besserwisser", „Mitläufer", „Kritiker", „Stänkerer", „Graue Eminenz", „Gerechtigkeitsvertreter" oder „Sündenbock" usw.
Diese gruppendynamischen Rollen entstehen in sozialen Prozessen auf der Basis der psychologischen oder Charakterrollen, weil sich hinter diesen Gruppenrollen immer spezifische Aspekte der jeweiligen Persönlichkeit zeigen.
Wenn eine Gruppe keinen formellen Führer hat, wird ein Führer gebraucht und muss sich herauskristallisieren. Das wird aber in der Regel jemand sein, der die psychologischen Attribute wie Selbstbewusstsein, Zuversicht oder auch Extraversion mitbringt (vgl. Big Five).

„Mitläufer" werden in der Regel diejenigen sein, die auch sonst eher die „Zurückhaltenden" sind, also diejenigen, die noch keine eigene Meinung zum aktuellen Gruppengeschehen haben oder sich einfach nur raushalten wollen.

Wie viel Aufmerksamkeit, Zustimmung oder auch Abneigung (etwa als Außenseiter) Menschen in Gruppen erfahren, hängt letztlich davon ab, für was sie mit ihrer Art stehen und welchen Wert oder Un-Wert dies für die Gruppe gerade bedeutet.
Wird eine fürsorgliche Qualität gebraucht, bekommt die „Mütterliche Rolle" sicher viel Akzeptanz und Wertschätzung in der Gruppe. Ist dieser Bedarf in einer Gruppe nicht vorhanden, kann es sein, dass diese Rolle entweder toleriert oder zur „Weichlichen" oder „Aufdringlichen Rolle" aufgefasst wird.

Eine Rollenstruktur in Gruppen entwickelt sich aus formellen und informellen Komponenten. Zu den formellen Strukturen gehören offizielle Ämter wie die Gruppenleitung, die Co-Leitung, die Lagerchefin und andere definierte Rollen. Die informellen Komponenten entwickeln sich im Verborgenen, das heißt im nicht offiziellen Rahmen. Hier geht es im allgemeinem um die Rangordnung und die Gruppe folgt eher instinktiven wie bewussten Motiven. Bis zu einem gewissen Maß sollte eine Gruppe ihre Subkulturen im Verborgenen entwickeln dürfen, denn sie können *„... ein wichtiger Gegenpol zu einer allzu perfekten oder mächtigen Leitung bilden und einer Gruppe zu Vielfalt und Würze verhelfen."* (Kreszmeier, Hufenus, 2000, S. 142).

Im Folgenden möchte ich vier häufig in Gruppen vorkommende Rollen etwas näher beschreiben.

Der **„informelle Führer"** verkörpert Einstellungen und Themen, die für die Gruppe wichtig sind. Wenn diese aber nicht auch gleichzeitig vom Guide getragen werden, richtet sich der informelle Führer häufig gegen ihn und unterwandert seinen Einfluss. Das muss aber nicht zwangsläufig so sein, wenn beide einen Weg finden ihre Fähigkeiten und Rollenmuster als Synergie zu nutzen. Der informelle Führer kann den formellen Führer eine sehr wertvolle Hilfe vor allem bei der Übertragung von Aufgabenverantwortung sein.

Je länger eine Gruppe zusammen ist (etwa auf einer Expedition) und je mehr ein informeller Führer in Konkurrenz zum formellen Führer tritt, desto mehr muss dieser intervenieren. Intervention bedeutet „dazwischen gehen" und meint hier im Prinzip ein stoppen des laufenden Prozesses. Dabei gibt es unterschiedliche Herangehensweisen. Zunächst sollte der Führer verstehen, was den informellen Führer auszeichnet, also warum ihn die Gruppe akzeptiert. Das können Eigenschaften wie Selbstinszenierung, Humor, klare Ansagen, Kommandoton oder allgemeine Kontaktfreudigkeit sein. In der Regel verkörpert er ja das, was die Gruppe sich wünscht, aber vom formellen Führer offensichtlich nicht oder nicht in ausreichendem Maße bekommt. Dann kann der Führer versuchen diesen Bedürfnissen fortan mehr gerecht zu werden und dadurch der Gruppe stärker zu signalisieren „wer hier den Hut aufhat".

Meine persönliche Erfahrung ist es, damit möglichst früh zu beginnen und auch einmal humorvoll in der Gruppe das Thema einzubringen. Folgende Formulierungen haben sich dabei bewährt:

- „Danke für die Leitungsassistenz, möchtest Du gern mehr übernehmen?"
- „Danke für die Co-Leitung, aber ich schaffe das auch ohne Dich."
- Usw.

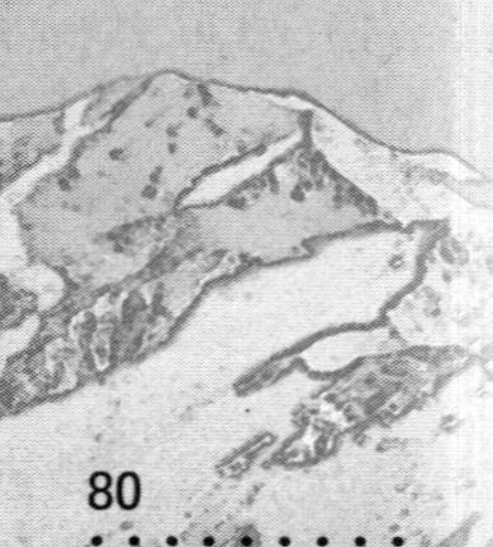

Der **„Mitläufer"** lässt sich vom allgemeinen Strom treiben und übt sich in Zurückhaltung. Er verzichtet darauf, der Gruppe eigene Impulse zu geben oder auch „Farbe zu bekennen". Sein Hauptziel in der Gruppe ist nicht die aktive Teilnahme an der Gestaltung des Gruppenklimas, sondern schlicht das Dazugehören. Wenn sich der Wind in der Gruppe dreht, schließt er sich den neuen Führern und Themen an. Durch ihr Mitlaufen entscheiden Mitläufer auch über die Besetzung der informellen Führungsrolle.
„Da Mitläufer das Geschäft der Einflussreichen betreiben, ohne im eigenen Namen zu sprechen und ihre eigenen Interessen offen zu benennen, ist es schwer, mit ihnen in einen differenzierten Austausch oder eine konstruktive Auseinandersetzung zu geraten." (Stahl, 2002, S. 319).
Im gruppendynamischen Kontext sollte die Leitung die Mitläufer immer wieder geduldig auffordern eine eigene Meinung zu vertreten.

Jeder hat sicher schon in Gruppen Situationen erlebt, in denen der **„Clown"** wichtig für die Stimmung in der Gruppe ist und dankbar aufgenommen wird. Durch seinen Witz und Humor kann er dazu beitragen, die „Sache nicht so ernst zu nehmen" und so für ausgelassene Stimmung zu sorgen.
Er kann aber auch durch Penetranz oder falschen Zeitpunkt die Ernsthaftigkeit einer Situation zu sehr in Frage stellen und von der notwendigen Konzentration ablenken. Dann muss er in seiner Rolle gebremst werden. Blickt man etwas hinter die Kulisse oder Maske des Clowns, verbergen sich manchmal auch tragische Aspekte. Er „muss" immer für Spaß sorgen, darf niemals seine lächerliche Kleidung ablegen und sein wahres Gesicht zeigen.

Der **„Außenseiter"** vertritt Interessen und Meinungen, die in einer Gruppe nur am Rande von aktuellem Interesse sind. Seine Positionen sind noch ohne Einfluss auf die Gruppe, da die Hauptthemen derzeit woanders liegen. Sie werden aber geduldet. Sollten sich jedoch die Positionen weiter voneinander entfernen oder sogar polarisieren, kann der Außenseiter auch in eine Sündenbockrolle geraten. Für die Gruppenleitung ist es interessant herauszufinden, welche seiner Auffassungen die Gruppe nicht akzeptiert oder nervt. Dieses „Gegensätzliche" könnte in einem gruppendynamischen Prozess jedoch eine mögliche Entwicklungsrichtung für die Gruppe sein.

Fallbeispiel Erlebnispädagogik:

In einer erlebnispädagogischen Zusatzausbildungsgruppe überwiegt in den ersten Tagen des Kennenlernens der Spaßfaktor. Bei allen Aufgaben und Übungen, die die Ausbildungsgruppe von den Lehrtrainern bekommt, überwiegt eine unbekümmerte und unkonzentrierte Herangehensweise. Das Motto ist eher geprägt von „Lust was zu machen", aber sich ja nicht „auf die Finger schauen zu lassen" oder das eigene Verhalten zu reflektieren. Eine Teilnehmerin erkennt das in den Übungen liegende Lernpotenzial für die Gruppenentwicklung und appelliert an diese, mehr Sorgfalt, Qualität und Ernsthaftigkeit einzubringen. Da die Positionen zwischen ihr und der Gruppe noch gegensätzlich sind, bekommt sie zunächst eine Außenseiterrolle. Hier ist eine Intervention von den Lehrtrainern angemessen, um der Gruppe ein Spiegel vorzuhalten und ihr eine Entwicklungsrichtung aufzuzeigen.

Tipp

Rollen in Gruppen zum Thema zu machen, birgt immer ein großes Lernpotenzial für die Gruppe und den Einzelnen in sich. Dabei werden bestehende Rollen in Gruppen zunächst einmal identifiziert und benannt. Hierbei können definierte Rollen auf Kärtchen geschrieben oder kleine Figuren genutzt werden. Dann kann die Zufriedenheit des Einzelnen mit dieser Rolle und die Nützlichkeit für die Gruppe erkundet werden. Für Entwicklungsprozesse kann es auch sehr hilfreich für Einzelne sein, auch einmal neue Rollen auszuprobieren. Denn:

***„Wer immer nur das tut, was er immer schon getan hat,
wird auch nur das bekommen, was er immer schon bekommen hat."***

Paul Watzlawick

2.6.6 Risikoverhalten in Gruppen

Die sozialpsychologische Forschung und die Human Factor Forschung aus der Industrie erklären wichtige Zusammenhänge des menschlichen Verhaltens in komplexen Situationen und helfen, das Risikoverhalten besser zu verstehen. Der Deutsche Alpenverein liefert mit seinen Erkenntnissen aus der Sicherheitsforschung, die um den Bereich der Inneren Sicherheit erweitert wurden, einen wichtigen Beitrag für das alpine Risikoverhalten.
Gruppen bilden jedoch mit ihren sozialen Interaktionen, mit ihren Regeln und Normen ihre eigene Welt. Sie bewegen sich demnach immer in zwei Welten gleichzeitig, nämlich in einem „Gruppenkosmos" und der aktuellen Situation um sie herum, wie etwa bei einer Tour im Gebirge oder einer anderen Outdooraktion.
Das Entscheidungsverhalten in Gruppen wird also nicht ausschließlich über die Aktion, in der sie sich befindet geprägt, sondern auch von verschiedenen sozialen Einflussfaktoren beeinflusst. Unfallanalysen sollten demnach immer auch die soziale Struktur einer Situation, in der sich der Unfall ereignet hat, analysieren.

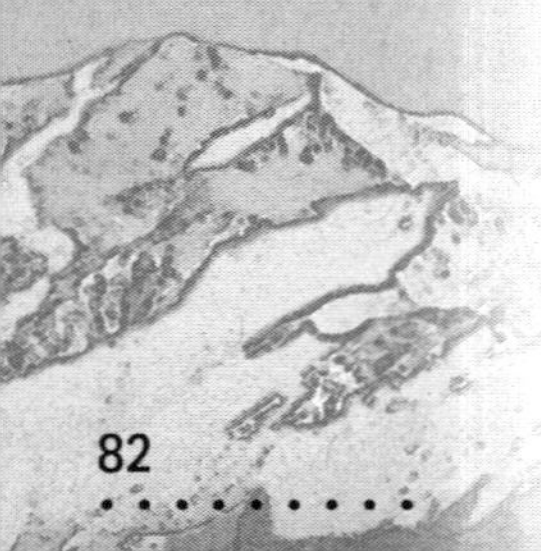

Im Folgenden werden nun einige typische Einflussfaktoren auf Risikoverhalten in Gruppen beschrieben:

Gruppendenken (Bierhoff, 2000, S. 360) bezeichnet einen Vorgang, bei dem das Aufrechterhalten der Verbindung (Kohäsion) und der Solidarität der Gruppe wichtiger ist, als die Fakten der Umgebung oder der Aktion realistisch zu betrachten. Das Entscheidungsverhalten einzelner Gruppenteilnehmer wird gerne an Meinungen angepasst, statt die unterschiedlichen Möglichkeiten auszudiskutieren Daraus können Situationen entstehen, bei der die Gruppe Handlungen oder Kompromissen zustimmt, die einzelne Gruppenmitglieder unter normalen Umständen ablehnen würden.

Beispiel gemeinschaftliche Bergtour:

Während einer Gemeinschaftsbergtour kommt es zu einem raschen Anstieg der Gewittergefahr. Formell gibt es keine Leitung oder Führung, man sich einfach so zum Ausflug zusammengefunden. Ein Teilnehmer interpretiert die Situation als ernsthaft und ist sich sicher, dass Umkehren an der Zeit wäre. Er äußert die Bedrohung in der Gruppe, doch die Mutigen sind in der Mehrzahl und halten dagegen: „Es ist ja schließlich nicht mehr weit".

Statt seine Einschätzung und Meinung ausdrücklich zu vertreten und die Gruppe vor dem Risiko zu warnen, trottet er unsicher hinterher, denn er will ja nicht als Feigling dastehen. Der Gruppe sieht sich selbst unverwundbar und es fällt ihr schwer, die Bedenken zuzulassen. In gemäßigter Form ist das Denken aller Menschen durch Gruppendenken beeinflusst: Wir orientieren uns ein Stück weit an den Ideen und Wertvorstellungen der Familie, des Freundeskreises, des Vereins, der Firma oder des Staates und sind somit auch ein Stück weit an der Bildung des Gruppendenkens beteiligt (Konformitätsdenken).

Folgende Anzeichen sprechen für ein Gruppendenken, das risikoreiches Verhalten verstärken kann:

- Selektive und einseitige Informationsbeschaffung
- Illusion der Unverwundbarkeit (möglicherweise in der Performing Phase)
- Nichtbeachtung von Expertenmeinungen oder Meinungen Außenstehender
- Ausblenden oder relativieren von Gefahrenzeichen ("Passt schon!")
- Einzelne Gruppenmitglieder bestätigen sich gegenseitig ihre Meinung
- Beschönigung schlechter Entscheidungen
- Druck, sich der Gruppe anzupassen
- Zurückhaltung von Kritik

Durch die bewusste Entscheidung, einen „Advocatus Diaboli" in der Gruppe zu etablieren, lernt die Gruppe besser, Gegenvorschläge und andere Sichtweisen „offiziell" zuzulassen. Das kann dann andere Gruppenmitglieder zu weiteren Gegenargumenten motivieren. Damit sinkt der Konformitätsdruck, sich einer vorherrschenden Meinung immer gleich anpassen zu müssen.
Eine Alternative zum Advocatus Diaboli ist ein formal festgelegter Entscheidungsfindungsprozess, welcher in kooperierenden Gruppen am effektivsten angewendet werden kann. In Kapitel 3.4 werden verschiedene Instrumente zur Entscheidungshilfe vorgestellt.

Risikoschub Phänomen beschreibt eine Entscheidungsdynamik in Gruppen, in der sich die Risikobereitschaft verschiebt. Wenn das Eingehen von Risiken innerhalb einer Gruppe als hoher sozialer Wert gilt, fallen Entscheidungen oft zu Gunsten höherer Risiken aus. Die ersten Experimente zum Risikoschub-Phänomen fanden Anfang der 1960er Jahre statt (Stoner, 1961). Das Thema wurde dann sehr schnell von sozialpsychologischen Forschern in aller Welt aufgegriffen und war bis Anfang der 1990er Jahre ein häufiges Thema von empirischen Untersuchungen. In alpinen Publikationen wurde darauf bereits häufig hingewiesen (Schwiersch, 2002, Streicher, 2004, Utzinger, 2003, 2004)). Es kann sich aber auch der gegenteilige Effekt einstellen, wenn nämlich Gruppen sehr vorsichtig sind (Vorsicht-Schubphänomen). Mein persönlicher Eindruck ist jedoch, dass das bei Bergsteigern eher seltener vorkommt.

Um das Risikoschub Phänomen zu minimieren, kann die Klärung verschiedener Fragen im Vorfeld sehr hilfreich sein:

- Gibt es standardisierte oder systematische Entscheidungsstrategien im Umgang mit Risikosituationen oder wird nur „aus dem Bauch heraus" entschieden?
- Wer moderiert einen Entscheidungsfindungsprozess, wenn die ganze Gruppe daran beteiligt werden soll?
- Ist die Gruppe bereit dafür?
- Sind übertragene Aufgabenverantwortungen an Teilnehmer unmissverständlich kommuniziert worden und vor allem zumutbar?

Bei gemeinschaftlichen Unternehmungen (Gemeinschaftstouren) stellt sich noch die Frage, ob die Organisatoren eines Ausflugs automatisch auch die Entscheidungsverantwortlichen sind. Der DAV stellt hier klar, dass im Rahmen seiner Gemeinschaftstouren, Risiken von allen Teilnehmenden gleichermaßen getragen werden und es keine Leitung oder Führung gibt.

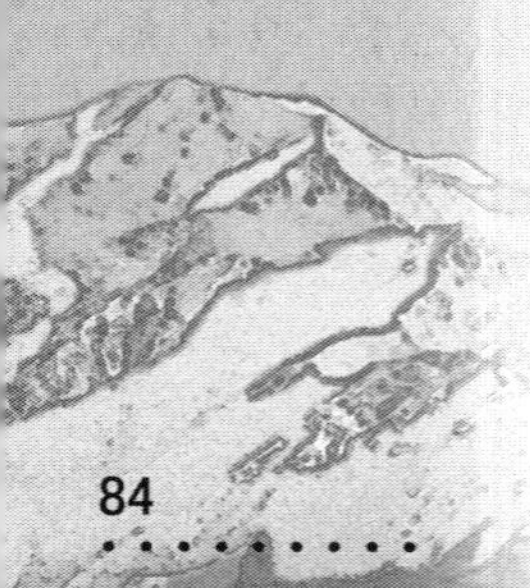

Verantwortungsdiffusion ist eine unklare Verteilung der Verantwortung und ein Effekt der häufig eintritt, wenn es in einer Gruppe keinen formalen Führer gibt. Die klassische *„Verantwortungsfalle"* (Streicher, 2006, S. 67) sieht folgendermaßen aus: Derjenige, der vorne geht, trifft auch automatisch die Entscheidungen, ohne dass er davon weiß oder sich seiner Verantwortung bewusst ist. In seinem eigenen Verständnis wird aber schon alles in Ordnung sein, wenn die nachfolgenden sich mit ihren Bedenken nicht melden. Dabei begünstigen unklare und nicht ausgesprochene Entscheidungen den Effekt der unklaren Verantwortung. Dieser Effekt kann auch bei gut ausgebildeten Personen oder Expertengruppen, die sich zu einer Gruppe zusammenschließen, beobachtet werden. In solchen Fällen hilft nur, dass im Vorfeld für gewisse Bereiche die Verantwortung und Entscheidungssystematik geklärt wird.

Beispiel Skibergsteigen:

Wenn bei einer Gemeinschaftsskitour 15 Teilnehmer ohne die relevanten sicherheitstechnischen und führungstechnischen Maßnahmen irgendwo in lawinengefährdeten Hangbereichen unterwegs sind, ist die bereits beschriebene Verantwortungsdiffusion wegen unklarer Rollenbesetzung entstanden.
Bevor kritische Situationen oder Geländepassagen erreicht werden, muss in Gemeinschaftstouren gemeinsam überlegt werden, durch welche Vorsichtsmaßnehmen man das aktuelle Risiko minimiert. Wie bereits schon erwähnt, muss für solche Diskussionen oder „safety talks" Moderation übernommen werden.
Diese typischen Vorsichtsmaßnahmen sind durch anerkannte Fachverbände wie beim DAV oder beim Kanuverband usw. in einschlägigen Medien publiziert und deswegen für jedermann einsehbar.

Ballistisches Handeln ist aus dem Verhalten eines Projektils abgeleitet und meint, wenn es einmal abgeschossen ist, kann es nicht mehr aufgehalten werden. Eine Rakete beispielsweise verhält sich nicht ballistisch, da sie durch Computersysteme in ihrer Flugbahn beeinflusst werden kann. Verhalten in Risikosituationen sollte immer nachgesteuert werden können. Die Analyse der Konsequenzen der eigenen Planung, als auch des eigenen Verhaltens ist für diese *„Nachsteuerung"* (Dörner, 2003, S. 268) von großer Bedeutung.

Finales Denken beschreibt ein Phänomen, dass in Reichweite des vorgefassten Ziels die Gefahrenwahrnehmung allmählich aufhört. Man ist eigentlich schon vor dem Erreichen des Ziels im Kopf bereits an diesem angekommen und blendet weitere kontinuierlich Informationen aus. Dies kann sowohl der Gipfel oder das Ende einer Flussetappe sein, aber auch die Rückkehr zur Hütte. Man kann das dann als *„Stalldrang"* (Hartmann, 2006) bezeichnen, weil beispielsweise Hunger, Durst oder das Bedürfnis nach Schutz als Einflussfaktoren noch dazukommen. Auch hier helfen Entscheidungssystematiken, wie sie in Kapitel 3.3 Risikomanagement noch beschrieben werden.

Die **Expertenfalle** beschreibt eine Dynamik unter erfahrenen Personen oder Spezialisten, die meinen, es nicht nötig zu haben, ihre Entscheidungen zu hinterfragen und daher *„erhaben über Sicherheitsvorkehrungen"* zu sein (Schwiersch, 2002, S. 15). Die Ingenieure von Tschernobyl waren mit die besten Fachleute Russlands und hatten bereits Preise für hohe Netzsicherheit gewonnen. Der geforderte Sicherheitscheck war ein Routineeingriff und man glaubte zu wissen, womit man rechnen müsse. Die Sicherheitsvorkehrungen, die ja nur für Anfänger sinnvoll sind, wurden umgangen, einzelne Fehlsteuerungen nicht erkannt und so nahm die Katastrophe ihren Lauf.

Diese hier beschriebenen Phänomene und Erkenntnisse sollten in Sicherheitsdiskussionen und Ausbildungskonzepten die gleiche Wertigkeit bekommen, wie rein sicherheitstechnische Überlegungen.

Im nächsten Kapitel stelle ich mich der Herausforderung, bekannte Sicherheits- und Risikomanagement Ansätze methodisch um den Faktor Mensch zu erweitern.

3. Sicherheitsansprüche und Risikomanagement

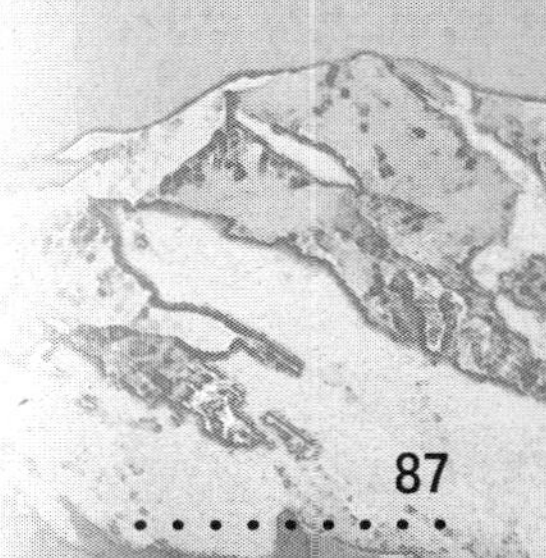

3. Sicherheitsansprüche und Risikomanagement

„Es ist das Leben selbst, das uns ins Ungewisse stößt."
John Dewey, amerikanischer Pädagoge

Die vielen Naturlandschaften unserer Erde sind nicht nur großartige Lebens- und Erlebnisräume, sondern auch Räume mit unterschiedlichen Gefahrenquellen. Während unsere Vorfahren mit der Natur und ihren spezifischen Gefahren leben gelernt haben, fehlen uns oft genaue Kenntnisse oder „Instinkte", die wir uns erst wieder in Kursen, Schulungen oder durch Erfahrungen aneignen müssen.
Darüber hinaus dominierte bei unseren Vorfahren über Jahrtausende ein mythisches Verständnis und ein eher pantheistischer Blick auf die Natur. Der oder die Schöpferinnen waren immer in der Natur allgegenwärtig. Diese spirituelle Sichtweise auf die Natur zog in den meisten Fällen Demut und Ehrfurcht nach sich. Unser Blick auf die Natur ist durch die monotheistische Religion des Christentums, die fortschreitenden naturwissenschaftlichen Entwicklungen, sowie die Industrialisierung entscheidend verändert worden. *„Das entscheidende Thema der Neuzeit ist die zu machende Natur",* wie der Philosoph Peter Sloterdijk einmal formulierte (Sloterdijk, 1989, S. 23). Die „TÜV geprüfte" Erlebniswelten, Abenteuerparks oder Hochseilgärten legen einerseits ein klares Zeugnis von dieser „gemachten Natur" ab, andererseits werden durch die modernen Sicherheitssysteme dieser künstlichen Welten auch entsprechende Bedürfnisse geweckt: das Abenteuer soll im Kopf stattfinden, aber passieren darf nichts.

„Echte Abenteuer" aber fordern immer einen Preis, nämlich den des ungewissen Ausgangs. Das macht ja auch seinen Reiz aus. Dieser Rest an Unplanbarkeit oder sogar Unkalkulierbarkeit kann Verletzungen oder im schlimmsten Fall sogar Tod zur Folge haben, wie das beim Höhenbergsteigen oder bei Wildnis Expeditionen durchaus der Fall sein kann. Denn im Gegensatz zu den künstlichen Erlebniswelten lassen sich die „echten Naturräume" nicht wirklich vom Menschen vollständig kontrollieren und „TÜV gerecht" servieren. In Natursportarten wie Wandern, Bergsteigen, Segeln oder Höhlenfahrten kann deswegen von Veranstaltern eine 100 %-ige Sicherheit gar nicht wirklich garantiert werden.

Diese Erkenntnis hat dazu geführt, dass in zahlreichen Natursportausbildungen der Begriff der „Sicherheit" zunehmend hinterfragt wurde. So beleben seit den 1990iger Jahren Risikomanagementdiskussionen vor allem die Erstellung unterschiedlicher Outdoor Sicherheitskonzepte. Der Deutsche Alpenverein beispielsweise hat die Arbeit seiner seit vielen Jahren bewährten und international anerkannten Sicherheitsforschung um das Thema „Innere Sicherheit", also um die Erforschung psychologischer Unfallursachen und den Einstellungen im Umgang mit Risiko, erweitert.

Dieses Kapitel möchte das Spannungsfeld zwischen Abenteuersuche, Erlebnisgarantie und den Ansprüchen nach maximaler Sicherheit aufgreifen. Es beschreibt die Entwicklung des Risikomanagements im deutschsprachigen Outdoor Bereich und stellt dann geeignete Strategien vor, wie Risiken minimiert werden können. Diese Risikomanagementstrategien bilden für die Erstellung von Sicherheitsmanagementhandbücher den geeigneten Hintergrund.

Für ein einheitliches Verständnis möchte ich jedoch zunächst einige Begriffe erläutern und Trennschärfen vor allem bei den Begriffen Gefahr und Risiko fördern.

3.1 Begriffsklärungen

Sicherheit bezeichnet einen Zustand, der als frei von Gefahren definiert wird, unabhängig davon, ob es sich um Lebewesen oder Objekte handelt. Das Gefühl von Sicherheit ist für uns eine existentielle und wichtige Seins Erfahrung. Mangelnde Sicherheit macht uns unwohl, nervös oder kann unterschiedliche Ängste auslösen. Um den Zustand von Sicherheit zu erreichen, werden von Veranstaltern Konzepte für Sicherheitsmanagement erstellt und umgesetzt. Sicherheitsmaßnahmen gelten dann als erfolgreich, wenn sie dazu führen, dass mit ihnen sowohl erwartete als auch unerwartete Beeinträchtigungen oder Schäden abgewehrt werden können.

Beim Sicherheitsbegriff für Menschen ist es jedoch sinnvoll in physischer und psychischer Sicherheit zu unterscheiden. Die Physische Sicherheit umfasst unseren Körper und unsere Gesundheit und meint:

- Körperliche Unversehrtheit
- Gesundheitliche Aspekte (Impfungen, Hygiene, Krankheiten)

Die **Psychische Sicherheit** ist vielschichtiger, da jeder Mensch neben allgemeinen Sicherheitsbedürfnissen auch noch individuelle Erwartungen an die Sicherheit hat. Ängste können sehr unterschiedlich sein und Angst auslösende Situationen wollen verständlicherweise zunächst vermieden werden. Dabei können nicht nur spektakuläre Aktionen wie der Hochseilgarten oder das Abseilen an einer Felswand als Bedrohung erlebt werden, sondern auch Dunkelheit, Enge oder allgemein unbekannte Situationen. Ängste können auch durch soziale Situationen, wie beim freien Sprechen vor Gruppen oder beim intensiven Körperkontakt in Übungen und in Spielen entstehen.

Physische und Psychische Sicherheit bedingen sich oft gegenseitig und sind nicht voneinander zu trennen. Es entstehen Wirkungsketten, bei denen sich die physischen und psychischen Faktoren gegenseitig verstärken können. Bevor ein Karabiner beim Klettern falsch oder gar nicht eingeklinkt wird, passiert etwas im Kopf des Teilnehmers – er ist vielleicht aus bestimmten Gründen unkonzentriert oder abgelenkt und dies trotz intensiver technischer Einweisung.

Praxistipp

1. Das Spannungsfeld zwischen Wohlbefinden, Nervenkitzel und individuellem Angsterleben sollte also selber frei ausgelotet werden dürfen („Challenge by Choice"-Prinzip).
2. Motivierende oder überschwängliche Stimmungen in der Gruppe können sich schnell zu einem Gruppendruck entwickeln. Eine tolerante Gruppen-Norm, in der das Verneinen von herausfordernden Aktionen erlaubt ist, ermöglicht, sich auch gegen eine Aktion entscheiden zu dürfen.
3. Vertrauen in sich, in andere Teilnehmer und in die Leitung befriedigt Sicherheitsbedürfnisse.
4. Wenn das Überwinden von Ängsten konzeptionell im Programm vorgesehen ist, sollte die Leitung entsprechend pädagogische und psychologische Kompetenzen vorweisen.
5. Der Grad einer Selbsterfahrung im Programm sollte deklariert werden. Sich öffnen und von sich zu erzählen braucht eine Atmosphäre des Vertrauens. (Psychische Sicherheit)
6. Bei metaphorischen Lernprozessen, sollte man sich der Macht von Metaphern und das, was sie auslösen kann, immer bewusst sein.
7. Erlebnisse müssen für das Individuum zumutbar und verarbeitbar sein, damit traumatische Erfahrungen verhindert werden.

Vertrauen in sich und andere

Gefahr ist ein mögliches Unheil oder ein drohender Schaden. Sie ist also zunächst eine subjektunabhängige Bedrohung (Fremdzurechnung). Es gibt Orte der Gefahr wie beispielsweise das winterliche Gebirge mit seiner Lawinengefahr oder ein Fluss, der sich in einen reißenden Strom verwandelt hat. Wenn man sich der Gefahr stellt, geht man ein Risiko ein und muss mit Konsequenzen rechnen. Konsequenzen sind Schäden mit unterschiedlichem Ausmaß. Das Schadensausmaß kann sich auf Subjekte oder Objekte beziehen, räumlich erstrecken, zahlenmäßig erfasst werden und nachhaltig oder kompensierbar sein.

Für den Outdoor Bereich hat sich eine Unterteilung in objektive und subjektive Gefahren als sinnvoll erwiesen.

- **Objektive Gefahren** wie etwa Wetter, Lawinen, Steinschlag, Raubtiere, Kälte, Nässe, mangelhafte oder schadhafte Ausrüstung ...
- **Subjektive Gefahren** gehen von Personen aus, wie etwa schlechter konditioneller Zustand, mangelnde Erfahrung oder Wahrnehmungs- und Urteilsfehler.

Winterliches Gebirge und seine Gefahren

Ein **Risiko** eingehen bedeutet, dass man sich auf vorhandene Gefahren einlässt. Risiken bergen also immer den Moment der Entscheidung in sich. Bei positivem Ausgang wird etwas gewonnen oder werden neue Bewältigungsressourcen entdeckt. Bei negativem Ausgang können materieller Verlust, körperlicher und seelischer Schaden die Folge sein. Was allerdings als Nutzen oder als Schaden aufgefasst wird, hängt von unseren Wertevorstellungen ab. Der Mensch der Industriegesellschaft sucht häufig in den so genannten Risikosportarten den Ausgleich für ein eintöniges, langweiliges oder spannungsarmes Leben. Es scheint, dass ein Leben ohne Risiko ein reduziertes Leben sei. Bei den Risikosportarten werden die Risiken aber nicht um ihrer selbst willen aufgesucht, sondern um tiefgreifende und befriedigende Erlebnisse zu erfahren. Ein wichtiger Teil dieser positiven Erlebnisse ist dabei das Glücksgefühl, ein selbst gewähltes Risiko erfolgreich bewältigt zu haben. Die Verantwortung und die Konsequenzen für Folgen liegen jedoch bei dem, der das Risiko bewusst aufsucht.

Wagnis kommt von etwas wagen, von abwägen und sich etwas trauen. Etwas wagen und etwas riskieren werden in diesem Buch gleichgesetzt. Interessant sind hierbei die Ausführungen von Siegbert Warwitz, der eine differenzierte These zum Thema Risiko und Wagnis aufstellt. In seinen Ausführungen hat der Wagnissuchende eine andere Motivation wie der Risikosuchende. Der Wagende wägt die Gründe für sein Handeln auf der Basis seines Kompetenzniveaus mit den möglichen Folgen seiner Wagnisbereitschaft ab. Wer größere Gefahren auf sich nimmt, als er aufgrund seiner Kompetenz zu bewältigen im Stande ist, also vorrangig seinem Glück vertraut, ist ein *„Risiker"* (Warwitz, 2006, S. 98). Der Wagende im Sinne von Warwitz bewegt sich im Bereich des akzeptablen Risikos.
Für die weiteren Ausführungen in diesem Buch haben seine Differenzierungen keinen Einfluss, da wagen und riskieren wegen des allgemeinen Sprachgebrauchs dieser Wörter auf die gleiche Stufe gestellt werden sollen. Auf die ethischen und pädagogischen Aspekte seiner Thesen wird jedoch noch einmal zurückgegriffen.

Kanufahrt in der Wildnis

„Einen Versuch wagen und dabei scheitern bringt zumindest einen Gewinn an Wissen und Erfahrung. Nichts riskieren dagegen heißt einen nicht abschätzbaren Verlust auf sich nehmen – den Verlust des Gewinns, den das Wagnis möglicherweise eingebracht hätte."

Chester Barnard

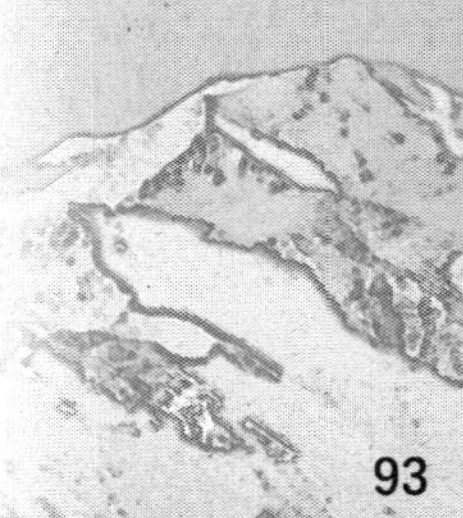

Risikomanagement ist ein Begriff, der ursprünglich aus der Finanz- und Versicherungsbranche kommt und umfasst sämtliche Maßnahmen zur systematischen Erkennung, Analyse, Bewertung, Überwachung und Kontrolle von Risiken.
Letztendlich wird eine Entscheidung über Durchführung, Weitermachen oder Abbruch erfolgen. Anwendungsinstrumente dazu werden in Kap. 3.4 ausführlich dargestellt.

Der Begriff der **Konsequenzanalyse** (Geyer, Mersch, Semmel, 2016, S. 147) berücksichtigt vor allem auch das Schadensausmaß einer getroffenen Entscheidung, statt nur auf die Eintrittswahrscheinlichkeit zu blicken.
Beim Bergsteigen können wir manchmal Naturgewalten und Naturprozesse (wie z.B. Wettereinflüsse, Schneedecke usw.) nicht immer vollständig analysieren, vorhersehen und vor allem nicht kontrollieren. Das ringt uns entweder die Entscheidung ab, ein unter Umständen schlechter zu kalkulierendes und damit höheres Restrisiko einzugehen oder schlicht zu verzichten.
In Hochseilgärten wird man das Verhältnis von Eintrittswahrscheinlichkeit und Schadensausmaß und damit das vorhandene Restrisiko durch entsprechende Vorkehrungen in der Regel auf ein Null reduzieren können (Zero Accident, Siebert 2001).

Sicherheitsmanagement Konzepte beschäftigen sich mit allen Vorkehrungen und Maßnahmen, die die Sicherheit gewährleisten können. Hierzu zählen Gebäudeaspekte, Notausgänge, Feuerlöscher, genormte Anlagen wie Spielplätze oder Hochseilgärten, gewartete Ausrüstungen und aktuelle Risikomanagementstrategien für alle Arten von Outdoor Aktivitäten. Da bei unerwünschten Ereignissen und Unfällen durch eine Negativpresse im schlimmsten Fall sogar die existentielle Sicherheit des Unternehmens auf dem Spiel stehen kann, halte ich es für sinnvoll, Notfall- und Krisenmanagement Kompetenzen mit einzubeziehen.

Bei vielen Outdoor-Anbietern hat es sich bereits zu einem Standard entwickelt, das Sicherheitsmanagement durch einen Maßnahmenkatalog in so genannten Sicherheitshandbüchern zu dokumentieren. Der Aufbau eines Sicherheitsmanagement Konzept wird in Kapitel 6 vorgestellt.

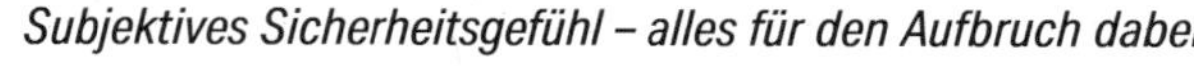

Subjektives Sicherheitsgefühl – alles für den Aufbruch dabei

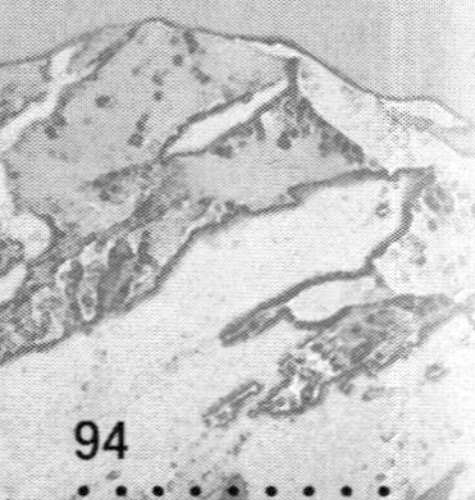

3.2 Vom Sicherheitsdenken zum Risikomanagement

Das Sicherheitsdenken in Outdoor Programmen hat sich in den letzten 6 Jahrzehnten einem steten Wandel unterzogen. Wenn es um die Vermittlung von Entscheidungssystematiken im Kontext von Gefahren und Sicherheitsansprüchen ging, stellten natursportliche Ausbildungskonzepte bis in die 1960iger Jahre hinein das Wissen und die individuellen Erfahrungen der Ausbilder in den Vordergrund. Entscheidungen im Gelände waren also in hohem Maße implizite Prozesse, die nicht immer eindeutig nachvollzogen und reproduziert werden konnten. Sie entzogen sich weitgehend der Kontrolle durch Drittpersonen.

Entscheidungen hingegen, die auf messbaren Kriterien und auf nachvollziehbaren Regeln aufgebaut waren, wurden erst in den 1970iger Jahren eingeführt. Man war dann überzeugt, mit zunehmend analytischen Hilfsmitteln die Sache im Griff zu haben. *„Die ganze Ausbildung stand im Zeichen der Sicherheit, das Wort Risiko war für uns ein Fremdwort."* (Munter, 2005, S. 11)

Steigende Unfallzahlen vor allem bei Skitouren in den 1990er Jahren, stellten dann plötzlich bisherige Sicherheitsphilosophien und Ausbildungskonzepte auf den Prüfstand. Die provozierende Fragestellung: ***Wie sicher ist eigentlich sicher?*** regte eine kontroverse Fachdiskussion unter Experten an. Fortan beschäftigen sich auch Ausbildungskommissionen mit der Frage, wie Risikokompetenz gefördert werden kann, welche Entscheidungssystematiken am nützlichsten sind, oder wie Konsequenzanalysen und Verhaltensstandards dazu beitragen können, Unfallzahlen zu senken. Der Begriff des Risikomanagements eroberte die Outdoor Fachwelt.

Einige namhafte Personen haben diesen Prozess angestoßen, der unsere aktuellen Denkweisen und Strategien immer noch beeinflusst und diese sollen hier kurz gewürdigt werden.

Der Schweizer Bergführer Werner Munter war mit seiner *„Neuen Lawinenkunde"* (Munter, 1992) ein Wegbereiter eines neuen Ansatzes für die bis dahin bestehenden Schnee und Lawinenkunde und läutete eine Phase ein, die der strategischen Planung und dem Szenario Denken eine zentrale Bedeutung zukommen ließ. In seinen Argumentationen führte er an, dass die Schneedecke als komplexes und thermodynamisches System kaum wirklich zu erfassen sei und man für richtige Entscheidungen im Gelände oft gar nicht gar nicht alle Informationen zur Verfügung haben könne. Deswegen plädierte er bereits in der Planung von Skitouren für die Vernetzung von relevanten Schlüsseldaten, statt sich vor Ort auf das Graben in der Schneedecke zu verlassen. Mit diesen Schlüsseldaten sollten die Geländesituation, die aktuellen Verhältnisse und das menschliche Verhalten so kombiniert werden, damit akzeptable und inakzeptable Risiken leichter zu erkennen sind. Diese Methode, die er die **3x3 Filter Methode** (vgl. Kap.3.4.2) nannte, schließt zum ersten Mal den Faktor Mensch in Entscheidungsprozessen konkreter mit ein und gilt heute noch als ein zentrales Planungsinstrument im ganzjährigen Outdoor Einsatz.

Als zusätzliches Kontrollinstrument schlug er noch die **Reduktionsmethode** vor. Sie ist ein mathematisch aufgebautes Instrument und legt die Annahme zu Grunde, dass wir in unserer Gesellschaft bereit sind, gewisse Risiken in Kauf zu nehmen. Diese gesellschaftliche Akzeptanz, wie etwa das Risiko von Verkehrsunfällen beim Autofahren, das Verunglücken von Bahn, Schiff oder auch Flugzeug würde um den Preis der Fortbewegung in Kauf genommen und entspricht einem Faktor Eins. Faktor Null entspräche überhaupt kein Risiko, nirgends und niemals eingehen zu wollen.
In der Reduktionsmethode wird nun das Gefahrenpotenzial z.B. des winterlichen Gebirges, das der Lawinenlagebericht in verschiedenen Stufen definiert, mit einem Zahlenwert versehen (z.B. Lawinenstufe 3 entspricht Faktor 8). Die im Gelände notwendigen Vorsichtsmaßnahmen zum reduzieren des Lawinenrisikos werden qualitativ ermittelt, ebenfalls mit Zahlenwerten versehen, welche dann wiederum in der Summe einen Gesamtwert ergeben.
Wenn man nun diese Gesamtwerte wie bei einer Bruchrechnung ins Verhältnis setzt, dürfe, so Munter, lediglich der Maximalwert Eins herauskommen.

$$\frac{\textbf{Gefahrenpotenzial z. B. 8}}{\textbf{Summe der Vorsichtsmaßnahmen z. B. 8}}$$

= kleiner gleich Faktor 1
= akzeptables Risiko

Der Wert Eins repräsentiert das gesellschaftlich akzeptierte Restrisiko wie etwa Unfallrisiko des Autofahrens, des Reisens mit Bus, Bahn oder dem Flugzeug.

Die wahrscheinlichkeitsorientierten Denkmodelle, die die sorgfältige Planung und mögliche Szenarien in den Vordergrund stellen, haben die aktuelle Entwicklungen von Risikomanagement Strategien im Umgang mit Lawinengefahr wie die „Stop or Go Methode" des Österreichischen Alpenvereins (OEAV) oder die „Snow Card" des Deutschen Alpenvereins (DAV) stark beeinflusst. Das 3 x 3 Filtermodell ist zwar aus der Entwicklung der strategischen Lawinenkunde entstanden, stellt aber wie bereits erwähnt ein sehr effektives Denk- und Handlungsmodell für ganzjährige Outdoorprogramme dar und wird im Kapitel 3.4 noch ausführlich dargestellt.

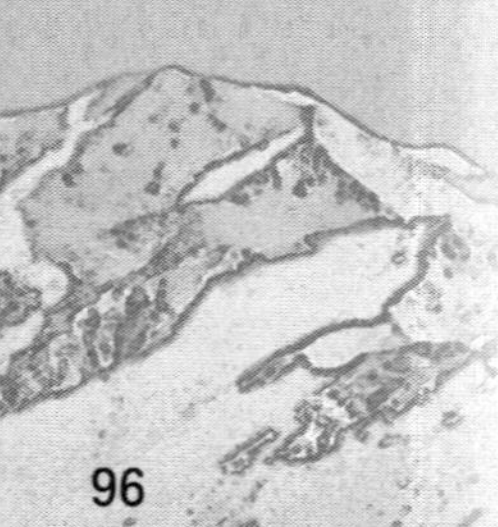

Wenn wir in Naturlandschaften mit ihren Gefahren und teilweise auch komplexen Bedingungen unterwegs sind, hilft uns reines Sicherheitsdenken nicht weiter, sondern die Entwicklung eines Risikobewusstseins. Dies unterstreicht vor allem auch Peter Geyer, ehemaliger Präsident des nationalen (VDBS) und internationalen (IVBV) Bergführerverbands. Reines Sicherheitsdenken ist sei nach ihm eine trügerische Illusion: *„Sie verzögert Entscheidungen, man wird unflexibel, fehleranfällig und erlebt herbe Überraschungen."* (Geyer, 2003, S. 49).
Wenn wir uns also vorhandene Gefahren und Risiken nicht nur eingestehen, sondern uns diese auch ständig vor Augen führen, fördert das unsere Aufmerksamkeit und Wachheit. Geyer fügte zu Munters Begriff des Restrisikos noch den Begriff des *„Basisrisikos"* (Geyer, 2003, S. 48) hinzu. Das Basisrisiko beschreibt im Grunde genommen das Gefahrenpotenzial eines Naturraums, wenn man ihn betritt. Erst durch Vorsichtsmaßnahmen könne es zu einem akzeptablen Restrisiko minimiert werden.
Eine differenzierte Darstellung zwischen Basisrisiko und Restrisiko folgt in Kap. 3.4.1.

Menschliches Verhalten ist also im Risikomanagement oft der Schlüsselfaktor. Corinna Kleisa und Niko Schad, zwei langjährige Mitarbeiter von Ouwart Bound Deutschland, haben 1995 eine sehr detaillierte Verknüpfung menschlicher Einflussfaktoren im Risikomanagement über das TZI Rahmenmodell erarbeitet (Kleisa/Schad, 1995). Diese Herangehensweise wird in Kapitel 3.4.4 „Der Vierfach Blick als Planungs- und Entscheidungshilfe" in modifizierter Form noch ausführlich dargestellt.
Der DAV Sicherheitskreis untersucht seit mittlerweile vielen Jahren ebenfalls Fehlereinflussfaktoren durch menschliches Verhalten, wie das in der Kletterhallen- und Skitourenstudie anschaulich zum Ausdruck kommt.

Risikomanagement ist aber vor allem eins:
die aufmerksame Sorge um die uns anvertrauten Menschen.

3.3 Aktuelle Risikomanagemententwicklungen in Ausbildungskonzepten

Der Begriff des Risikomanagement ist aus der Fachdiskussion aller Natursportarten nicht mehr weg zu denken. Da sich dieses Buch an alle Verantwortlichen im Outdoor Bereich wendet, folgt hier ein kurzer Überblick über die Entwicklungen in dieser Szene.

Bergführer und Übungsleiter der alpinen Verbände

Der Deutsche Alpenverein hat die Arbeit seiner seit vielen Jahren bewährten und international anerkannten Sicherheitsforschung um das Thema Innere Sicherheit erweitert. Zahlreiche Forschungsarbeiten wie die Kletterhallenstudie, die Skitourenstudie und die Bergwanderstudie wurden durchgeführt und Instrumente zum Risikomanagement wie der DAV Kletterschein oder die Bergwander Card sind dabei entstanden.

Auch im jüngsten Risikomanifest des Deutschen und Österreichischen Alpenverein (DAV, 2006; OEAV, 2003) oder im Positionspapier „Risiko und Wagnis" der Österreichischen Alpenvereinsjugend (www.alpenvereinsjugend.at) spiegelt sich der Risikomanagement Ansatz wider.

Zum Faktor Mensch werden aktuell unterschiedliche methodische Ansätze für die weitere Entwicklung diskutiert. In der Fachübungsleiterausbildung des DAV befindet sich der im Kap. 3.4.4 vorgestellte Ansatz in einer Probephase.
Bergführerverband und DAV unterstützen sich letztlich gegenseitig in ihren Erkenntnissen.

Übungsleiter der Wasserdisziplinen

Fachverbände der Wasserdisziplinen haben ihr Risikomanagement Denken an die Arbeitsweise der Alpinen Verbände angelehnt.

Erlebnispädagogische Sicherheits- und Risikomanagementdiskussionen sind wesentlich komplexer, da vor allem die Natur Erlebnispädagogik Lernräume für junge Menschen aufsucht, in denen kalkulierbare Risiken als notwendige Herausforderung für Entwicklungsprozesse verstanden werden. Eine empirische Untersuchung von Prof. Warwitz ergab, dass Schulkinder, die von ihren Eltern zur Schule begleitet werden, im Verkehr unsicherer sind und mehr Unfälle erleiden als solche, die ihren Schulweg alleine gingen. Im Umkehrschluss kann also formuliert werden, dass es sich als riskant erweist, Risikosituationen zu vermeiden. Sicherheitsanspruch und Pädagogik sind also häufig erst einmal ein Widerspruch, denn für Jugendliche gilt *„die Erlebnisfigur des sich Bewährens"* und sie benötigt den Hintergrund der Gefahr (Dewald/Kraus/Schwiersch, 2003, S. 13). Eine Forderung, keine Risiken zuzumuten, ist demnach nicht nur unrealistisch, sondern auch irreführend.
Risikoverhalten gehört zur Jugend. Der Jugendforscher David Le Breton formuliert: *„Der Hang zum Risiko erwächst aus unseren Gesellschaften, in denen es wichtig ist, sich selbst den Wert seiner eigenen Existenz zu beweisen."* (Le Breton, 2001, S.111).
Aus Risiko kann aber auch Verantwortung wachsen. Eigenverantwortung kann letztlich nur dort entstehen, wo sich reale Handlungsmöglichkeiten bieten und selbst entschieden werden muss. Dies bedeutet jedoch, in ungewisse Situationen aufzubrechen und die Rolle der Erlebnispädagogen ist, durch Arrangements für dosierte Unsicherheit zu sorgen. Eine Beziehungsbotschaft der Pädagogen kann dabei sein: *„Ich kenne die Risiken besser als Du. Daher habe ich mehr Verantwortung als Du. Ich werde Dich vor Gefahren bewahren, die Du nicht angemessen einschätzen kannst. Ich werde zulassen, dass Du Gefahren (Risiken) eingehst, von denen ich glaube, dass Du sie bewältigen kannst."* (Fritz, Schwiersch, 2007, S. 21)
Wer allerdings in einer gebrauchsfertigen und damit scheinbar sicheren Welt verweilen will und *„wer den Komfortkreis nie verlässt, wird keinen Wandel erfahren, wer zuviel wagt, auf die Nase fallen."* (Hufenus, Meier, 2004, S.28).
Mit Komfortkreis ist hier die gebrauchsfertige und bequeme, vom Menschen selbst gestaltete Welt gemeint, innerhalb derer man kaum neue Erfahrungen sammeln kann, so dass Lernen und Entwicklung nur langsam und verzögert stattfindet.

Praxistipp

Das Komfortzonenmodell ist ein beliebtes didaktisches Instrument vor allem in erlebnispädagogischen Programmen, das unterschiedliche Entwicklungschancen im Aufsuchen von herausfordernden Situationen aufzeigen kann. Ich verwende es auch gerne im Vorfeld von Angst auslösenden Situationen und stelle dabei heraus, dass es unterschiedliche Bewältigungsmöglichkeiten gibt, die man freiwillig erkunden und ausprobieren kann. Dieses Hinaustreten aus dem Komfortkreis kann auch ein Grenzgang sein kann und ich appelliere an meinen Teilnehmer, *„dass Du mir mitteilst, wenn es kein Grenzgang, sondern eine Grenzüberschreitung für Dich ist."* (Fritz, Schwiersch, 2007, S. 21)

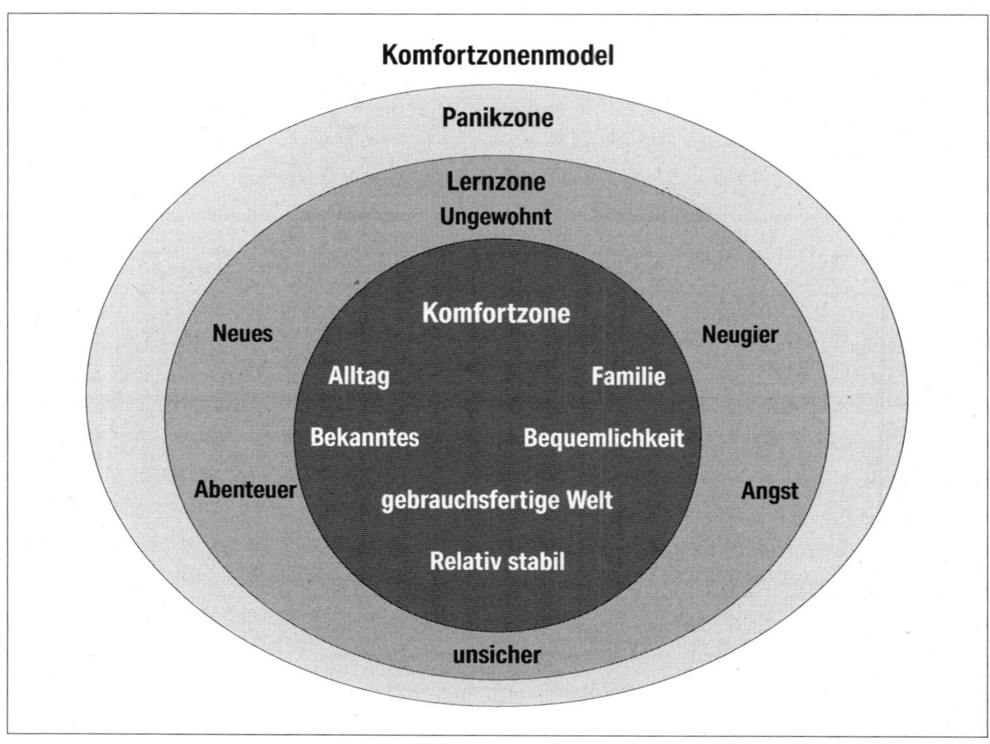

Komfortzonenmodel *(Quelle: Outward Bound)*

Siegbert Warwitz führt noch an, dass im Aufsuchen von Entwicklungsräumen immer auch gewisse Werte vermittelt werden sollten: *„Nicht thrill, sondern skill muss das Wagnis bestimmen."* (Warwitz, 2006, S. 109). Wagniserziehung bedeutet demnach Maß halten lernen und nicht ins Extrem zu verfallen. Hier kann Erlebnispädagogik als Bewähr- und Konfrontationspädagogik durch ihre attraktiven Angebote und pädagogische Begleitung junge Menschen in ihrer Entwicklung fördern, worin sich sicher auch ihr Boom begründet.

Outdoortrainings sind eine Kombination von Outdooraktivitäten und typischen Seminarmethoden, wie in der Erwachsenenbildung. Dabei wurden zahlreiche attraktive Aktionen aus der Erlebnispädagogik übernommen. Streng genommen orientiert sich aber Outdoortraining an der Zielgruppe der Erwachsenen, mit denen man nicht pädagogisch, sondern an Seminarthemen wie etwa Teamentwicklung oder Führung arbeitet. Das dabei sehr hohe Sicherheitsstandards einzufordern sind und das Risiko auf null zu reduzieren sei, ist eine legitime Forderung für diese Zielgruppe. Der Ansatz ist also ein anderer, wie in der Wagniserziehung oder in der Bewährpädagogik von Jugendlichen.

Die Forderung nach *„Zero Accident"* (Siebert, 2001), also null Unfallrisiko, in alle erlebnisorientierten Programme und Trainings zu übertragen, weil alles hintersichert werden kann, scheint der natursportlichen Praxis und vor allem dem pädagogischen Sinn nach jedoch zu widersprechen. Dies kann im Grunde genommen nur mit einem hohen technischen Aufwand wie beispielsweise in Hochseilgärten leistbar zu sein.
In der Regel wird im Erwachsenenbereich also mehr mit wahrgenommenen Risiken gearbeitet, während die tatsächlichen Gefährdungen gegen Null gehen.

In **Hochseilgärten und Abenteuerparks** werden „Outdoor" und „Abenteuer" um der Sicherheit willen so *„hergestellt"* (Gronemeyer, 1993, S. 39), dass man sich vollständig auf das Gemachte und Berechenbare verlassen kann.
Die Betreiber orientieren sich an den Empfehlungen der ERCA (European Ropes Course Association, 2003) oder vergleichbar hohen Sicherheitsstandards. Durch die technischen Möglichkeiten, vor allem zur Redundanz (Hintersicherung) ist hier eine sehr hohe Sicherheit vergleichsweise einfach zu gewährleisten.

Hochseilgarten

Event und Incentiv Anbieter beschäftigen in der Regel Mitarbeiter, die durch Zusatzausbildungen anerkannter Fachverbände (etwa DAV, VDKS, IVBV, ERCA) aktuellen Sicherheitsstandards Rechnung tragen.

3.4 Instrumente für ein angewandtes Risikomanagement

> ***„Nichts geschieht ohne Risiko. Aber ohne Risiko geschieht auch nichts!"***
> *Henry Ford*

3.4.1 Vom Basisrisiko zum minimierten Restrisiko

Da in der Natur keine Tour ohne ein gewisses Risiko verläuft, empfiehlt Peter Geyer in der Planung eine Unterscheidung in Basisrisiko und in Restrisiko:

Basisrisiko

Alle Naturräume, in denen es objektive Gefahren gibt, bergen, sofern man sich in ihnen aufhält, gewisse Basisrisiken:

- Berge haben steile Wege, die auch mal nass, verschneit oder vereist sein können.
- Das Wetter in den Bergen kann zu einem Temperatursturz führen und Schneefall bis in mittlere Lagen verursachen.
- Bei Gewittergefahr ist das Basisrisiko höher, wie bei stabiler Hochdrucklage.
- Flussläufe haben wetterabhängig sanft dahinströmendes Wasser oder auch reißende Strömungen.
- Ein Hochseilgarten ist zwar technisch hervorragend gegen einen Absturz gesichert, ausrutschen und sich dabei einen blauen Fleck zuziehen kann man aber bei Nässe trotzdem.
- In den Tropen gibt es giftige Tiere und möglicherweise nur sehr primitive Hygienebedingungen.
- Mangelnde Kondition, Koordination, Erfahrung, Unkonzentriertheit, Müdigkeit, Missverständnisse oder falsches Verhalten stellen ebenfalls gewisse Basisrisiken dar, die dann rein menschlichen Ursprungs sind.

Mit einer Gruppe durchtrainierter Sportler wird das Basisrisiko des Abrutschens auf steilen Bergwegen geringer sein, wie bei einer Gruppe von Menschen mit körperlichen oder geistigen Behinderungen.

Restrisiko

Erst durch systematisch angeordnete und befolgte Vorsichtsmaßnahmen kann das vorhandene Basisrisiko auf ein kalkulierbares und akzeptables Restrisiko reduziert werden.

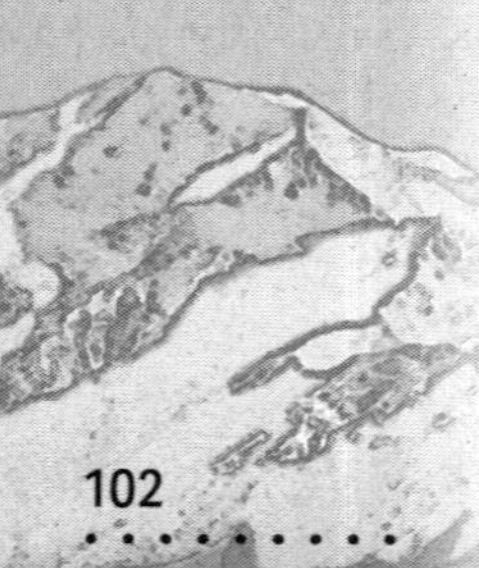

Diese Vorsichtsmaßnahmen und Standards zur Reduzierung von Basisrisiken sind gängige Empfehlungen der Fachverbände wie DAV usw.

Schlüsselfrage:
„Bin ich mit der richtigen Einstellung, zum richtigen Zeitpunkt, mit der richtigen Gruppe und mit der richtigen Ausrüstung am richtigen Ort?"

Restrisiken verbleiben jedoch trotz getroffener Vorsichtsmaßnahmen immer, da nicht alles vollständig kontrollierbar ist.

- Das Wetter lässt sich nie ganz genau vorhersagen, und ein Gewitter in der Ferne kann auf einmal unberechenbar werden.
- Plötzlich kann ein Rudel Gämsen unvorhersehbar erscheinen und Steinschlag auslösen.
- Die Gruppe oder einzelne Teilnehmer halten sich nicht an die vorgegebenen Vorsichtsmaßnahmen
- Trotz präventiver Maßnahmen können Krankheiten ausbrechen.
- Usw.

Wenn irgend möglich, sollten Restrisiken frei gewählt werden können. Dies setzt jedoch voraus, dass alle Teilnehmenden wissen, auf was sie sich einlassen.

3.4.2 Der Risiko Dreischritt und das Ampelmodell

Die vorhandenen Basisrisiken einer Aktion oder einer Unternehmung müssen also erkannt werden, bevor man sie durch Vorsichtsmaßnahmen zu vertretbaren Restrisiken minimieren kann. Wichtig dabei ist, dass die verschiedenen Einzelfaktoren immer in einem Gesamtzusammenhang und in ihrer Wechselwirkung analysiert werden.
Für die konkrete Vorgehensweise kann eine einfache Systematik dabei helfen: der sogenannte **„Risiko Dreischritt: Erkennen – Einschätzen – Entscheiden".** (Schrag, 2006, S. 34):

- **Erkennen** möglicher objektiver und subjektiver Gefahren (Natur, Technik, Mensch) sowohl in der Planung, als auch im Gelände
- **Einschätzen** des verbleibenden Restrisikos und Ampelgrafik der Eintrittswahrscheinlichkeit
- **Entscheiden** welche Vorsichtsmaßnahmen getroffen werden und ob es das Risiko wert ist. Diese Entscheidungen sollten für Teilnehmer immer transparent gemacht werden.

Das dabei entstehende Ergebnis kann dann bildhaft mit einer Verkehrsampel verglichen werden.

- Rot-Situationen = Sehr hohes Risiko, Verzicht sollte Standard sein
- Gelb-Situationen = Mittleres Risiko, Vorsichtsmaßnahmen zwingend notwendig
- Grün-Situationen = Geringes Risiko, normale Aufmerksamkeit

Die Analogie zur Verkehrsampel ist dabei sehr schlüssig. Wenn die Ampel grün ist, kann man unter Beachtung normaler Sicherheitsvorschriften fahren. Wenn sie auf gelb schaltet, steigt das Risikopotenzial an. Die Situation ist stark abhängt von Rahmenbedingungen wie Verkehrsaufkommen, Übersicht, Fahrkönnen und Verfassung. Bei einer roten Ampel ist das Risiko in der Regel nicht mehr zu vertreten. Dieses Modell ist vor allem für Sensibilisierungsprozesse, für Sicherheitsdiskussionen und zur Transparenz der aktuellen Situation hilfreich: „Leute, wir sind grad im gelben Bereich. Folgendes tun wir jetzt, um das Risiko zu minimieren …"

3.4.3 Das 3x3 Filter Modell

Natur / Aktion / Verhältnisse		Anreise / Gelände	Mensch
Regional	**Planung und Organisation zu Hause** Informationsquellen wie Wetterbericht Lokale Auskünfte Lawinenlagebericht Wasserstandsmeldungen Reiseberichte, Internet Meldungen des Auswärtigen Amts	Reiseroute, Reisezeit, Gestaltung des Ankommens im Land oder im Gebiet Tourenplanung, Kartenstudium Geländeabschnitte planen Schwierigste Stellen und Checkpunkte markieren Umkehrpunkte und Zeitplan festlegen	Wer kommt mit? Welche Ausrüstung wird gebraucht? Ausrüstung kontrollieren Der Veranstalter weiß über Tourenziele bescheid Impfungen und ggf. medizinische Selbstauskunftsbögen
Lokal	**Soweit das Auge reicht** Stimmen die Verhältnisse? Alarmzeichen im Gebiet?	Relief, Überblick, Fernglas Müssen aus Gründen der Sicherheit Umwege in Kauf genommen werden?	Persönliche Ausrüstung der Teilnehmer prüfen Kondition, Konzentration und Disziplin der Gruppe Wer ist noch im Gelände unterwegs und wie verhalten diese sich?
Zonal	**Letzte Kontrollinstanz unmittelbar um mich herum** kleinräumige Gefahrenzeichen	Aktuelle Situation an definierten Checkpunkten prüfen, Wetterentwicklung beobachten, Zeitplan überprüfen	Vorsichtsmaßnahmen anordnen und überwachen Sind alle noch fit genug?

Das 3x3 Filtermodell stellt eine etwas ausführlichere Planungs- und Entscheidungshilfe wie der Risiko Dreischritt dar und basiert auf der Idee, ein ***„Sicherheitsnetz"*** (Munter, 1999, S. 119) zu konstruieren, das mit drei über einander gelegte Netzen und verschiedenen Maschengrößen arbeitet. Die relevanten Informationen werden wie in der Rasterfahndung der Polizei als Schlüsseldaten in ihrer Wechselwirkung analysiert. Das Modell ist aus dem Skibergsteigen entstanden, lässt sich aber auch für den ganzjährigen Outdoor Einsatz verwenden.

3.4.4 Der „Vierfach-Blick" als Planungs- und Entscheidungshilfe

Der „Vierfach Blick" stellt gegenüber den anderen Modellen eine sehr differenzierte Methode und Checkliste dar. Dabei wird der Faktor Mensch stärker in die Wechselwirkung mit den anderen Faktoren berücksichtigt. Zusätzlich werden mögliche Rahmenbedingungen von außen auf ihre Einflussmöglichkeit geprüft.

Die vier Blickwinkel dabei sind:

- Die Aktion oder die Tour
- Die Gruppe
- Der Guide
- Die Rahmenbedingungen (Globe)

Durch seinen differenzierten Ansatz eignet er sich auch für die besonderen Aspekte erlebnispädagogischer Lernfelder, denn er basiert auf der Grundlage der Themenzentrierten Interaktion nach Ruth Cohn. Insofern ist er eine Weiterentwicklung des Modells von den erwähnten Kollegen Kleisa/Schad (1995).

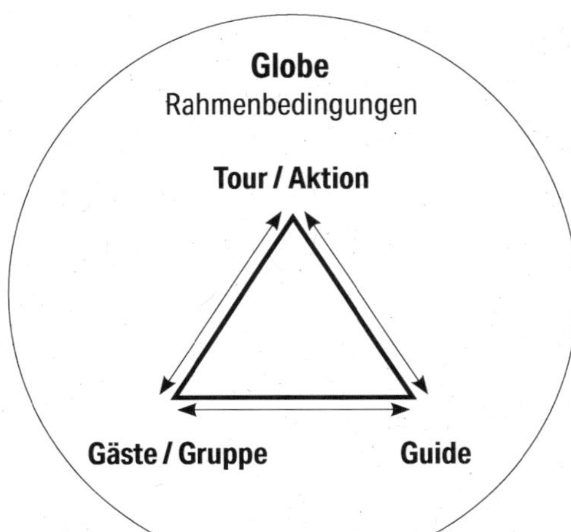

Im Folgenden wird zu den vier Blickwinkeln ein Pool von möglichen Fragen vorgestellt, anhand derer sich der Leser für seine eigene Risikomanagementplanung die angemessenen Schlüsselfragen aussuchen kann.

Vierfach Blick Teil 1

Erster Blick: Planung und Ziel einer Aktion

Leitfrage: „Was wird wo mit welchem Material gemacht?"

Im ersten Blick werden zu jeder Tour oder Aktion alle relevanten Informationen eingeholt und eine sorgfältige Planung durchgeführt.

- Anspruch, Länge und Schwierigkeit der Tour oder geplanten Aktion wird im Zusammenhang des Auftrages betrachtet (Privatgast, Ausbildungsziel, Fernreise, Organisationsinteresse usw.).
- Gefahrenbereiche und Schlüsselstellen.
- Informationen einholen über den Wetterbericht und die aktuelle Situation vor Ort.
- Checkpunkte im Gelände, an denen die Situation vor Ort analysiert wird.
- Alternativen einplanen.
- Im Ausland die besonderen Rahmenbedingungen klären wie etwa die Sprache, Impfungen, Hygiene, Politische Situation, Sitten und Gebräuche usw.
- Ausrüstung, Notfallausrüstung, Reiseapotheke.

Als Informationsquellen stehen Wetterdienste, Karten und Führerliteratur, Sicherheitsmanuale und Auskünfte lokaler Stellen (Ämter, Gemeinden, Hüttenwirte, Kollegen ...) zur Verfügung.

Ist bereits mit Schneefeldern zu rechnen?

Zweiter Blick: Gruppe und Teilnehmende

Leitfrage: „Wer kommt mit?"

Nun sind die Faktoren im ersten Blick mit den Teilnehmern ins Verhältnis zu setzen.

- Welche physischen und psychischen Ausgangsvoraussetzungen bringen die Teilnehmenden mit?
- Was soll mit der geplanten Aktion erreicht oder unterstützt werden?
- Welche Bedürfnisse gibt es bei den Teilnehmenden?
- Welche Erwartungen motivieren sie? (Erlebnisorientierung, Gemeinschaft, Leistung ...)
- Bei einem pädagogischen Auftrag: Passt die Aktion zum aktuellen Lern- oder Gruppenprozess?

Im Zusammenhang mit der allgemeinen Planung (Erster Blick) können sich bereits gewisse Alarmkombinationen entwickeln, wie etwa unbekanntes Gebiet im Winter mit großer und unbekannter Gruppe. Oder unkonzentrierte, unmotivierte Jugendgruppe in einer für den Guide neuen Aktion.

Dritter Blick: Guide

Leitfrage: „Wie bin ich vorbereitet?"

Der Guide trägt immer die Hauptverantwortung, um Sicherheit und Erlebnis zu vereinen. Risikomanagement fängt im Kopf an. Der Kopf wird allerdings stark beeinflusst von Emotionen, Werten und Ängsten. Es ist demnach hilfreich, sich als Hauptverantwortlicher auch mit sich selber zu befassen und folgende Fragen zu klären:

- Wie ist die eigene Fachkompetenz, mentale Vorbereitung, Kondition, Höhenanpassung, gesundheitliche Verfassung oder im Ausland die eigene Gesundheitsvorsorge?
- Habe ich alle nötigen Informationen und eine systematische Taktik?
- Wie sind meine Motivation und meine Risikobereitschaft?

Vierter Blick: Globe und Rahmenbedingungen

Leitfrage: Was beeinflusst uns von außen?

Manchmal können Rahmenbedingungen einen großen Einfluss ausüben; darum sollten sie in der Planung auf jeden Fall mit einbezogen werden.

- Welches Interesse hat der Auftraggeber?
- Auftragsklarheit – was genau wird von mir verlangt?
- Bei beruflichen Bildungsmaßnahmen: In welchem größeren Zusammenhang steht die Maßnahme?
- Welche Bedingungen sind in Bezug auf Wetter, Unterkunft oder andere Gruppen zu erwarten?
- Gibt es beeinflussende externe Nachrichten?

Sind nach diesem ersten Schritt in der Planung relevante Checkpunkte im Gelände oder gewisse Alarmkombinationen erfasst, macht ein *„Szenario-Denken"* im weiteren Verlauf der Planung Sinn (Dick, 2005, S. 78/79). Hierbei werden mögliche Veränderungen an den Checkpunkten und in Gruppenprozessen durchgespielt (etwa Wetterverschlechterung oder das Aggressionspotential von verhaltensauffälligen Teilnehmern). Daraus lassen sich im Vorfeld bereits Konsequenzen ableiten und die Leitung wird weniger von Veränderungen überrascht.
Vor allem erlauben Alternativen in der Planung ein flexibles Reagieren, denn „Planen ist inneres Probehandeln".

3.4.5 Der „Vierfach-Blick" unterwegs

Erster Blick: Gelände/Aktion

Leitfrage: „Wie ist die Situation vor Ort?"

Unterwegs im Gelände oder bei der Aktion können sich Verhältnisse (Regen, Hitze, Gruppendynamik, Gesundheit ...) verändern.

- Stimmen die Verhältnisse mit meiner Planung überein?
- Was geben die vorher festgelegten Checkpunkte an neuen Informationen her?
- Was bedeuten Abweichungen für meine Zeitplanung und Taktik?
- Bei Bildungsmaßnahmen: Ist die Aktion noch die richtige?
- Welche meiner Alternativen sind jetzt die richtigen?

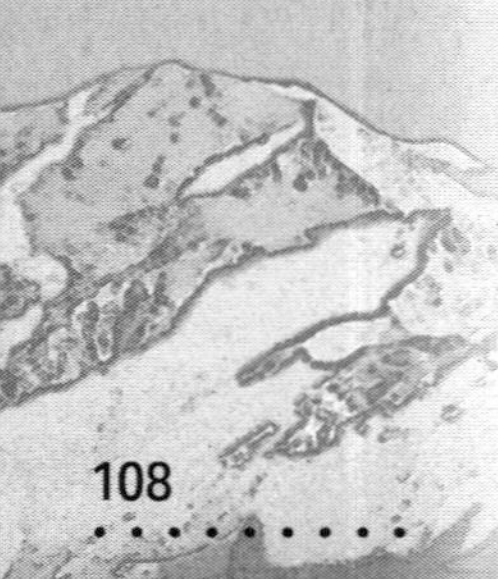

Zweiter Blick: Teilnehmer und Gruppe

Leitfrage: „Wie und was läuft unterwegs?"

- Sind die Teilnehmer fit und an Gefahrenstellen diszipliniert?
- Brauchen sie eine Pause, Flüssigkeit oder Kohlehydrate?
- Sind sie da wo es nötig ist konzentriert oder unachtsam und unbekümmert?
- Von welchen Stimmungen geht die Gruppe gerade aus (Leistung, Gemeinschaft, Zielerreichung, Unbekümmertheit oder Angst)?
- Üben sie Druck auf den Guide aus?
- Halten sich die Teilnehmer an die Regeln?
- Stellen sie neue Regeln auf und vertragen diese sich mit den Sicherheitsstandards?
- Gibt es Konflikte, die die Stimmung beeinflussen?
- Gibt es gesundheitliche Beeinträchtigungen?

Falls die Leitung Druck oder Konflikte wahrnimmt, sollte sie ein klärendes Gespräch herbeiführen, um diese Spannungen zu bearbeiten.

Höhle – Spaß oder Angst?

Praxisbeispiel Führungstour beim Bergsteigen:

Ein Ehepaar bucht gemeinsam mit ihrem langjährigen Bekannten eine Woche Bergsteigen auf verschiedene Viertausender in der Schweiz. Bei der Eingehtour auf den Gran Paradiso ermüdet der Ehemann so stark, dass er nicht mehr weiterkann (mangelnde Kondition und Höhenprobleme). Wegen des schlechten Wetters und der schlechten Bekleidung des Teilnehmers kann der Führer ihn nicht allein auf dem Gletscher an einem sicheren Platz zurücklassen und entscheidet sich zur gemeinsamen Umkehr. Der Bekannte ist sauer über die mangelnde Vorbereitung des Mannes, fürchtet um den Erfolg der gebuchten Woche und macht Druck auf den Führer. Die Ehefrau solidarisiert sich mit ihrem Mann. Dieser ist sauer über das mangelnde Mitgefühl des Bekannten. Die Stimmung ist auf dem Nullpunkt. Der Führer bespricht dann mit der Gruppe auf der Hütte deren Wünsche, Sorgen und Vorstellungen. Die Vereinbarung danach lautet, dass auf jeden Fall versucht werden soll, die geplanten Gipfel zu bestiegen, statt nur gemeinsam wandern zu gehen, man sich aber rechtzeitig bei konditionellen Problemen meldet, gegebenenfalls verzichtet und auf der Hütte bleibt.

Durch die gemeinsam festgelegte neue Vorgehensweise werden gegensätzliche Befürchtungen, ausgeräumt und die zur Erreichung der Ziele notwendige Gemeinschaft ist wieder hergestellt. Dem Führer fällt es wieder leichter, Erwartungen für alle befriedigend zu erfüllen. Die Sorge fällt weg, dass der Teilnehmer im Zustand permanenter Überforderung sich oder die Gruppe gefährdet.

Dritter Blick: Guide

Leitfrage: „Wie ist es gerade für mich als Guide?"

Auf Tour oder in der Aktion können folgende Fragen die Wahrnehmung und die Achtsamkeit unterstützen:

- Kann ich die aktuellen Verhältnisse so neutral wie möglich wahrnehmen oder verzerren sie sich wegen meiner eigenen Motivation und meiner Stimmung (Problem der selektiven Wahrnehmung)?
- Kann ich auch verzichten?
- Lenkt mich gerade etwas von meiner Tätigkeit ab (Probleme, Krankheit in der Familie ...)?
- Bin ich selber bis zum Schluss konzentriert oder lasse ich es kurz vor dem Ziel laufen?
- Wie schnell lasse ich mich von der Gruppe oder anderen Personen beeinflussen?

Vierter Blick: Globe und Rahmenbedingungen

- Haben sich die Rahmenbedingungen plötzlich gegenüber der Planung verändert?
- Gibt es Neuigkeiten, die Einfluss haben?
- Sollten diese zum Thema gemacht werden?

Praxisbeispiel Outdootraining:

Eine Gruppe von Führungskräften nimmt an einem Outdoor Teamtraining teil. Die Methoden sind handlungsorientiert und die Reflexionen orientieren sich an dem Transfer in den beruflichen Alltag. Alle sind gut gelaunt und offen für das zu erwartende Programm. Bei den ersten Aktionen fällt allerdings auf, dass der Spaß mehr im Vordergrund steht, wie die Ernsthaftigkeit und sinnvolle Transferüberlegungen. Allmählich gewinnt die Leitung den Eindruck, dass die Teilnehmer nicht die genügende Themenaufmerksamkeit aufbringen, auch nicht in den sicherheitsrelevanten Situationen. Sie stoppt die Aktion und äußert ihre Beobachtung. Schließlich kommt heraus, dass die Führungskräfte auf diese Maßnahme geschickt worden sind, ohne gefragt oder in irgendeiner Weise integriert worden zu sein. Für sie war es also eine Pflichtveranstaltung, aus der sie eine Tugend machten, nämlich Spaß und Freizeit in den Vordergrund zu stellen. Die Outdoor Trainer hatten aber einen anderen Auftrag. Eine klassische Zielkonfliktsituation, aus der die Leitung nur herauskam, in dem sie die Probleme offenlegte und mit der Gruppe Lösungen erarbeitete. Schlussendlich bekam sie von den anwesenden Führungskräften den Auftrag weiterzuarbeiten und in der Folge wurde das das Training mit dem nötigen Ernst durchgeführt.

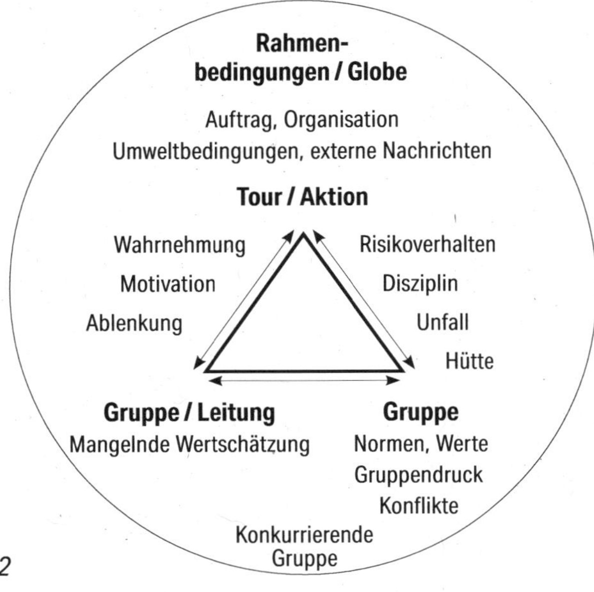

Vierfach Blick Teil 2

3.4.6 Typische Risikokombinationen

In der folgenden Darstellung sollen kritische Kombinationen aus objektiven Gefahren und subjektiven Gefahren skizziert werden, um eine die eigene Gefahrenwahrnehmung zu verbessern. Das sind Erfahrungswerte, die ich aus meiner eigenen Praxis gesammelt habe und die nicht den Anspruch auf Vollständigkeit erheben.

Outdoor Situation	Faktor Mensch	Mögliche Folgen
Nebel, Kälte, oder Nässe	Müdigkeit	Starke Beeinträchtigung der Gefahrenwahrnehmung
Steiles Absturzgelände Anspruchsvolles Wildwasser Unübersichtliches Gelände	Unkonzentriertheit	Sturz oder Absturz
Kurz vor dem Ziel	Im Kopf bereits am Ziel	Beeinträchtigung der Gefahrenwahrnehmung
Hitze, die den Kreislauf absacken lässt	Ablenkung durch Müdigkeit Unkonzentriertheit und Kreislaufschwäche	Fehlerhafte Bedienung sicherheitsrelevanter Dinge (z.B. Klettern, Rafting, Hochseilgarten ...)
Lawinengefahr	Große Gruppen Risikobereitschaft in Gruppen ist häufig größer	Lawinenabgang
Langes Warten auf jemand, der beispielsweise beim Klettern nicht so schnell ist	Mangelnde Geduld	Fehlerhafte Bedienung von Sicherheitsgerät Mangelnde Aufmerksamkeit
Unbekannte Aktion, die die Leitung zum ersten Mal ausprobiert	Unmotivierte Gruppe	Verletzungsrisiko
Anspruchsvolle Aktionen bei Gruppenselbststeuerungsprozessen	„Junge Gruppen" im Sinne von wenig gemeinsamen Erfahrungen	Konflikte Unfälle

3.4.7 Risikokompetenz als geistige und soziale Leistung

Modernes Risikomanagement verwendet also geeignete Instrumente und ist insofern auch als eine *„geistige Leistung"* zu verstehen (Munter, 1999, S.169). Zur geistigen Leistung muss aber auch die Auseinandersetzung mit den persönlichen Einstellungen und Werten zum Thema Sicherheit und Risiko zählen. Viele Entscheidungen des Führenden hängen von seinem Führungsselbstverständnis ab, der sozialen Gruppensituation und der Fähigkeit, andere Meinungen zulassen zu können oder offen für Feedback zu sein. Insofern ist Risikokompetenz auch eine soziale Leistung.

Viele Outdoor Ausbildungskonzepte wenden sich diesen sozialen Einflussfaktoren und weichen Faktoren (soft skills) leider noch zu wenig systematisch zu.

Selbstreflexion und soziale Kompetenz sind neben den fachlichen Fähigkeiten die wichtigsten Eigenschaften von Führungskräften in Bezug auf Risikomanagement.

3.5 Wahrnehmung und Entscheidungsfindung

Wer führt, muss Entscheidungen treffen. Wer leitet, kann die Entscheidungen auch mit der Gruppe erarbeiten. Die Frage ist jedoch immer, wie diese Entscheidungen zustande kommen und ob es gute oder schlechte, vorsichtige oder riskante Entscheidungen sind.

Untersuchungen von Lawinenunfällen in den USA aus den 1990iger Jahren kommen zu dem Schluss, dass in den meisten Fällen menschliche Faktoren die Hauptursache für den Lawinenabgang sind (Utzinger; 2003, S.42).

Blickt man in andere Sicherheitsbereiche wie Krankenhäuser, die Luft- oder der Seefahrt, so fällt auf, dass rund 75 % aller Unfälle auf menschliche Fehlhandlungen zurückzuführen sind (Buerschapper, Hofinger, St. Pierre, 2005, Bryant, 1991, Kemmler, 2000). Die Human – Factor – Forschung befindet sich an der Schnittstelle von der technischen Sicherheitsforschung zur psychologischen Forschung. Auf der einen Seite wird versucht, den Menschen mit ausgefeilten Sicherheitstechniken in seinen komplexen Aufgaben zu unterstützen. Auf der anderen Seite wird er durch sein Können und seine Erfahrung als Sicherheitsressource genutzt. Aus diesem Grund sollen hier zunächst einige Einflussfaktoren auf die menschliche Urteilsbildung problematisiert werden. Anschließend werden Strategien zur Entscheidungsfindung vorgestellt.

3.5.1 Wahrnehmung und Informationsverarbeitung

Wahrnehmung ist subjektiv und selektiv,
vertraue besser auf vier Augen, als auf zwei!

Unter Wahrnehmung versteht man zunächst den Prozess der Sinnesverarbeitung. Darauf ist in Kapitel 2.1 bereits eingegangen worden. Eine spezielle Risikowahrnehmung muss jedoch erlernt werden. Wenn ein Hochseilgartentrainer seine Knoten nicht perfekt kann, ist er auch nicht in der Lage, diese zu vergleichen und zu prüfen. Ein Bergführer muss die verschiedenen Alarmzeichen einer Schneedecke zu Beurteilung der Lawinengefahr erkennen können und ein Kanu Guide muss in der Lage sein, das Wasser zu „lesen", damit er die Gruppe gut durch die Strömungen bringt.

Für eine bewusste Urteilsbildung müssen die über die Sinne hereinkommenden Eindrücke in einem ***„kontrollierten Denkprozess"*** (Aronson, Wilson, Akert, 2004, S. 85) gesammelt,

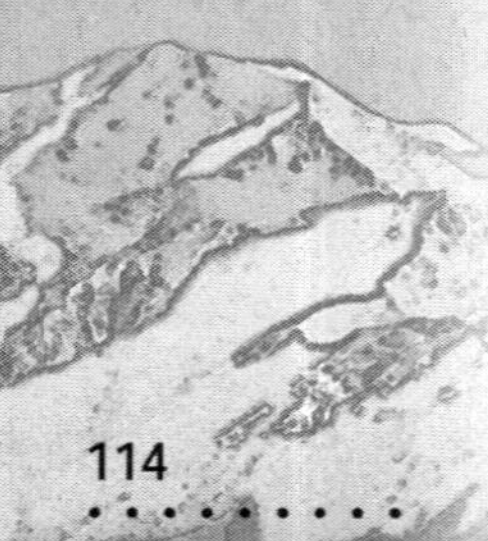

geordnet und gegliedert werden. Dieser Vorgang ist mit bewusster Anstrengung, mentaler Energie und Konzentration verbunden. Kontrolliertes und analytisches Denken ist aber leider vergleichsweise mühsam und kostet vor allem Zeit. Diese systematischen Denkprozesse lassen sich durch spezielle Trainings verbessern, wie Untersuchungen bereits gezeigt haben (Schaller, Asp, Rosell, Heim, 1996, S. 829-844).

Entscheidungen treffen

Der Vorteil einer sorgfältigen Planung und mentaler Vorwegnahme möglicher Entscheidungssituationen ist bereits dargestellt worden. Dies erleichtert natürlich eine komplexe Entscheidungssituation, weil auf verschiedene Informationen und Handlungsoptionen bereits zurückgegriffen werden kann.

Diesem Energieaufwand steht aber auch ein müheloses Verarbeiten gegenüber, nämlich das ***„automatisches Denken"*** (Aronson, Wilson, Akert, 2004, S. 62). Die aus der Außenwelt über die fünf Sinne eingehenden Signale werden von der Großhirnrinde zu einem inneren Bild der Welt zusammengefügt. Eine aktuelle Situation wird von der Amygdala, dem Zentrum der emotionalen Intelligenz, dem Hippocampus und dem Limbischen System mit gespeicherten Annahmen und Erfahrungen aus früheren Zeiten verglichen und bewertet. Daraus resultieren dann unsere Urteile und Handlungen. Dieser Speicher an Gedanken und Erinnerungen ist als Erfahrungsspeicher überaus hilfreich, denn sonst müssten wir über jede Situation neu nachdenken und quasi von Null anfangen. Die Reize und Eindrücke werden also gefiltert, interpretiert und mit einer Bedeutung versehen. In einer Entscheidungssituation trifft so ein gewohntes oder altes Schema auf eine Realität, die neu oder verändert ist. In der Reaktion findet im Gehirn dann ein blitzschneller Vergleich des Alten mit dem Neuen statt, der in der Konsequenz die Chance zur Umdeutung enthält oder das Zurückgreifen ins Alte erlaubt.

Da dies völlig automatisch abläuft spart es uns eine Menge Energie und ist vergleichbar mit dem Autopiloten eines Flugzeuges. Der Vorteil ist eindeutig die schnelle Verarbeitung der gesammelten Eindrücke.

Der Prozess des automatischen Denkens ist autonom. Deswegen kann es passieren, dass es uns blitzartige Entscheidungsgewissheiten vermittelt (Intuition). Intuition ist aber nicht nur eine Entscheidung aus einem Gefühl heraus, denn dieses kann durch aktuelle Stimmungslagen überlagert sein.

Praxistipp

Für die praktische Arbeit bewährt sich, der Intuition zu vertrauen, wenn sie zur Vorsicht mahnt und ihr zu misstrauen, wenn sie zum riskanten Manöver verführt.

Diese unterschiedlichen Denkprozesse lassen sich jedoch nicht ganz voneinander trennen. Menschliches Urteilen und Handeln können nämlich ihren Ursprung nicht ausschließlich in kognitiven Prozessen haben und demnach rein vernünftig oder rein logisch sein, sondern unterliegen einer komplexen Dynamik von Denken, Fühlen und Wollen.

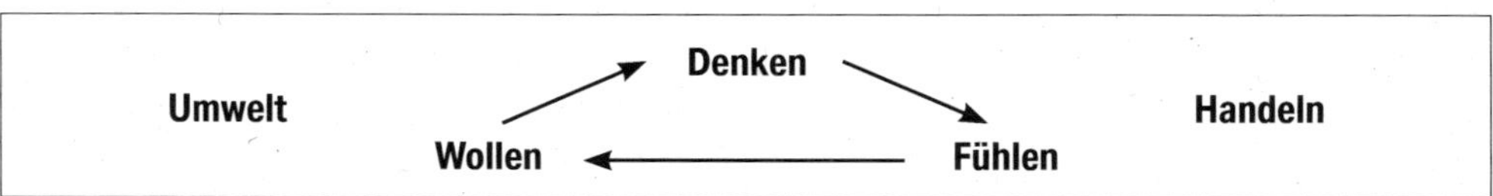

„Psycho – Logik" menschlichen Handelns (Buerschaper, Hofinger, St. Pierre, 2005, S. 33)

Selbst bei den kontrollierten und trainierten Denkprozessen ist also immer ein gewisser Anteil an Emotionen dabei.

3.5.2 Beeinflussung durch Glaubenssätze

Denken ist also immer eingebettet in den Gesamtprozess des psychischen Geschehens und insofern auch in das Wert- und Motivsystem einer Person. Aus unseren Einstellungen und Motiven kristallisieren sich dann gewisse Standpunkte, Glaubenssätze und letztlich unser Rollenverständnis heraus. Glaubenssätze können unter anderem sein:

- *„Als Guide darf ich keine Schwäche zeigen."*
- *„Ohne maximale Leistung bin ich nichts wert."*
- *„Mit Verzicht und Vorsicht kannst Du in unserer Gesellschaft nichts gewinnen."*
- *„Mir geschieht schon nichts, nur den anderen (Unverwundbarkeitsillusion)."*
- *„Vorsicht ist die Mutter der Porzellankiste, also immer schön defensiv bleiben."*
- *„Zusammen sind wir stark, was soll also passieren?"*
- *„Ein Berg ohne Gipfel ist wie ein Playboy ohne ..."*

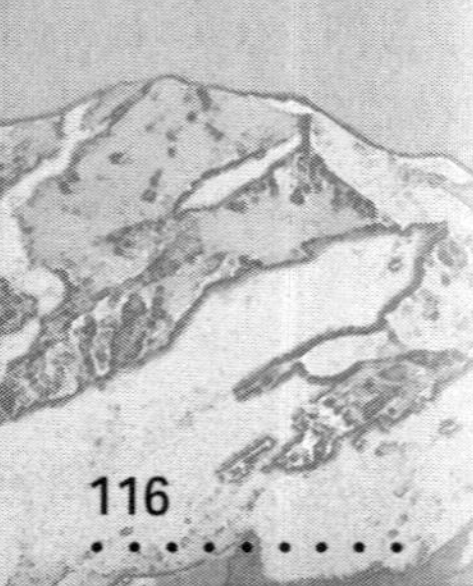

Personen, die uns mit anderen oder neuen Glaubenssätzen konfrontieren oder unsere bekannten hinterfragen, spielen eine besondere Rolle. Durch sie erhalten wir nämlich die Chance, ein neues Rollenverhalten für bekannte oder ähnliche Situationen kennen zu lernen. Und ein breites Spektrum an Rollenflexibilität kann sich positiv auf Entscheidungsprozesse auswirken.
Peter Geyer, langjähriger Ausbilder für staatl. gepr. Berg und Skiführer, hat mit seinem Plädoyer *„Vom Maximum zum Optimum"* (Geyer, 2003, S. 49). ein deutliches Signal für alpine Führungskräfte gesetzt, in Entscheidungssituationen nicht immer das Limit auszureizen. Als Vorbild für viele Bergführeranwärter gibt er dadurch eine Art „Erlaubnis", auch etwas defensiver und maßvoller sein zu dürfen.

3.5.3 Fehlwahrnehmungen

Wahrnehmung befähigt den Menschen, sich in der Welt zu orientieren. Sie ist aber dabei nicht auf Wahrheit, sondern auf Nützlichkeit ausgelegt. Man konstruiert sich diejenigen Teile der Wirklichkeit zusammen, die für das Überleben notwendig sind. Wahrnehmen heißt nicht, die Wahrheit in eine Situation hineinzulegen.
Wir können jedoch nicht anders, denn nur etwa 20 % der Informationen dessen, was wir sehen, stammt von den Augen. Dort wo der Sehnerv die Retina verlässt, haben wir keine Sinneszellen mehr. Als Folge müssten wir, da wir an dieser Stelle blind sind, ständig zwei schwarze Flecken sehen. Wir tun es aber nicht, da unser Gehirn den Rest dazu konstruiert. Die subjektive und selektive Sicht der Wirklichkeit betrifft nicht nur visuelle oder akustische Reize, sondern umfasst ebenso unsere moralischen Vorstellungen, politischen Standpunkte und unsere Einstellung zum Risiko. Unsere Erfahrungsmuster erleichtern die schnellere Verarbeitung unserer Wahrnehmung, vor allem in Standardsituationen. Sie stellen aber Fallen dar, wenn neue Aufgaben zu lösen sind.

Beispiel Tiefschnee fahren

Eine Gruppe Skitourengeher möchte ein paar Fotos im Tiefschnee machen. Das Wetter war einige Tage schlecht, doch jetzt herrscht wieder strahlend blauer Himmel. Die Lawinensituation ist angespannt und alle wissen es. Man hat sich über die Lawinenwarnzentrale informiert und im Gelände noch einige Tests durchgeführt. Nun verführt aber der glitzernde Schnee, die fotogene Stelle und eine scheinbar geeignete Geländestelle dazu, einen kritischen Tiefschneehang dennoch zu befahren. Die Situation wird passend zum Wunsch gemacht. Schließlich hat man ja in Zeit und Geduld investiert und das muss sich jetzt lohnen. Der Fotograf fährt zuerst und der Hang hält. Auch beim zweiten Fahrer hält der Hang. Nun wird man schon mutiger und Zuversicht stellt sich ein. Doch da kommt es zum Lawinenabgang. Gottlob ohne größere Verletzungen. Glück gehabt. Die Gruppe schlich sich anschießend demütig aus dem Gelände, froh noch einmal mit dem Leben davon gekommen zu sein.

3.5.4 Wahrnehmung unter Stress

Unsere Wahrnehmung wird durch unsere Aufmerksamkeit gesteuert. Unter Aufmerksamkeit versteht man die Auswahl wichtiger Reize und die Hemmung unbedeutender Reize. Sie wird durch Bedürfnisse, Erwartungen, Emotionen und den Erregungszustand des Gehirns beeinflusst. Bei großem Stress kann es geschehen, dass unser Denken und Handeln stark eingeengt werden. Führungskräfte tappen unter Umständen in die Falle der *„kognitiven Notfallreaktion"* (Buerschaper, Hofinger, St Pierre, 2005, S. 149). Da die eigene Handlungsfähigkeit unbedingt sichergestellt werden muss, versucht man gern das subjektive Kompetenzgefühl durch die Konzentration auf zu bewältigende Reize zu schützen. Man verliert dabei die Übersicht und Abläufe gleichen nur noch einem *„Reparaturdienstverhalten"* (Strohschneider, 2003, S. 127).

Denken und handeln dienen dann nicht mehr der Bewältigung der Gesamtsituation oder der Führung von Menschen, sondern der Wiederherstellung des eigenen Kompetenzgefühls. Teammitglieder oder die geführte Gruppe erhalten somit keine Informationen mehr darüber, was der Führende denkt, plant oder auch an Unterstützung braucht. Dieses „Abtauchen" beim Handeln unter Stress wird in der Notfallmedizin als *„Doc goes solo"* Phänomen bezeichnet (Buerschaper, Hofinger, St. Pierre, 2005, S. 149).
Durch sorgfältige Planung, die gewisse Entscheidungen oder Handlungsschritte auch vorwegnimmt, können solche extremen Situationen unter Stress meistens vermieden werden. Oft hilft dann in der akuten Situation nur noch eine erzwungene Denkpause, um die Übersicht wieder zu erlangen. Unter Zeitdruck ist das jedoch nur bedingt möglich.
Sich selber zu beobachten und sein Verhalten auch in der Akutphase reflektieren zu können, ist eine Fähigkeit, die persönlichen Stresskompetenzen zu erweitern und auch in komplexen Situationen gute Entscheidungen zu treffen.

3.5.5 Systematik in der Entscheidungsfindung

Wie kommen nun „gute" Entscheidungen zustande und wie kann man „schlechte" Entscheidungen verhindern?
Fehlentscheidungen entstehen unter anderem dadurch, dass Informationen nicht adäquat berücksichtigt werden. Um eine selektive Informationssuche weitest gehend auszuschließen, sollten bereits in der Planung alle relevanten Informationen strukturiert und systematisch eingeholt werden. Diese Informationen bieten dann Annahmen für mögliche Situationen oder Verhältnisse. Diese Annahmen dürfen aber nicht einfach als Realität produziert, sondern müssen hinterfragt und die Folgen der Entscheidungen bedacht werden.

Systematische Planung beginnt zuhause

Bedeutsam für Entscheidungen in Gefahrenbereichen ist auch, dass nicht nur gut ausgebildete Guides eine Gefahrenwahrnehmung haben, sondern unter Umständen auch unsere Teilnehmer. Prof. Dr. Bernhard Streicher, Psychologe und Fachübungsleiter Skihochtouren des DAV, empfiehlt für einen Entscheidungsfindungsprozess, dass Gruppenmitglieder an der Informationssammlung beteiligt werden können und einzelne Teilnehmer diese sogar kritisch hinterfragen sollen (Streicher, 2004, S. 22). Für diese Methode spricht, dass die meisten Menschen zu großes Vertrauen in ihr Wissen und die Richtigkeit ihrer Urteile setzen. Die obere Grenze des Selbstvertrauens ist nämlich gleichzeitig die untere Grenze des Leichtsinns.

Mittlerweile ist es wissenschaftlich belegt, dass Menschen, die auch einmal einen gegenteiligen Standpunkt als ihren vorherrschenden einnehmen können, in ihrer Urteilsbildung weniger Fehler machen (Lord, Lepper, Preston, 1984, S. 1231-1243). Ein stark hierarchisches Selbstverständnis eines Führenden steht dieser Methode natürlich im Wege.

Standards zu Risikomanagement und zu Entscheidungsverhalten wie sie die Fachsportverbände vorgeben und wie sie in Sicherheitsmanualen (vgl. Kap. 6.2) niedergeschrieben sein sollten, können hier eine wertvolle Hilfe darstellen. Sie können den so genannten *„Ad-hocismus"* (Dörner, 2003, S. 42) vermeiden, also die spontan getroffenen Entscheidungen, ohne deren Fern- oder Wechselwirkungen zu berücksichtigen.

Ein weiterer hilfreicher Standard zur systematischen Entscheidungsfindung ist die Problemlösestrategie *„PROBAK"*, wie sie in der zivilen Luftfahrt eingesetzt wird (Hartmann, 2002, S. 19-23):

P = Problem erfassen
R = Ressourcen abklären
O = Optionen finden
B = Beschluss fassen
A = Aufgaben zuweisen
K = Kontrolle der Ziele

Problem erfassen	–	Wie ist Situation einzuschätzen, wo liegen die Knackpunkte, wie hoch wird das Schadensausmaß sein? usw. **Achtung:** subjektive und selektive Wahrnehmung
Ressourcen abklären	–	Zeit, Personen, Hilfe von außen usw.
Optionen abwägen	–	verschiedene Handlungsmöglichkeiten werden gesammelt und durchgedacht oder gemeinsam besprochen. **Achtung:** Nicht die erste Idee ist immer gleich die beste Die Entscheidungsfindung in einer Gruppe sollte auf jeden Fall moderiert werden
Beschluss fassen	–	Nach sorgfältiger Abwägung, wird die Entscheidung getroffen Alle müssen informiert werden
Aufgaben zuweisen	–	Je nach Personal und Können werden die anstehenden Aufgaben zugeteilt und ausgeführt
Kontrolle	–	Wurde alles korrekt umgesetzt? Was hat es gebracht? Ist ein neues Problem aufgetaucht?

Prinzipiell sollten Situationen, in denen wir von veränderten Umständen überrascht werden, vermieden werden. Wie bereits mehrmals dargestellt, kann uns in den meisten Fällen eine sorgfältige Planung davor behüten. Unter Zeitdruck werden nämlich unsere kognitiven Ressourcen stark beeinflusst.

Zeitdruck ist der Feind des guten Denkens und sollte in Entscheidungssituationen vermieden werden.

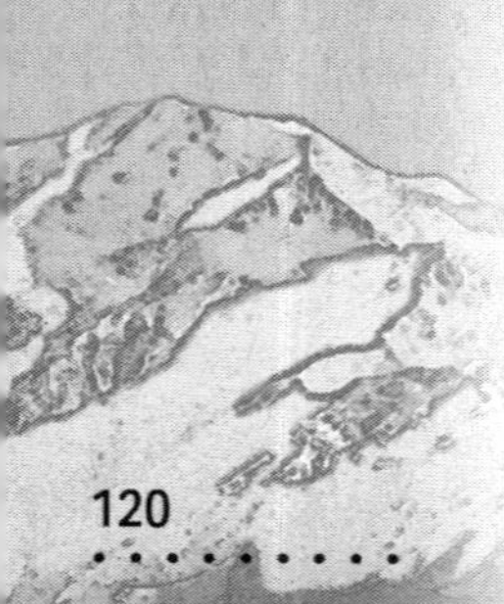

3.5.6 Heuristische Entscheidungsstrategien

Wer in systematischen Denkprozessen geübt ist, sich in statistischen Prinzipien auskennt und logische Schlussfolgerungen zu ziehen vermag, hat gute Chancen in der Urteilsbildung weniger Fehler zu machen. Das ist bereits in Studien belegt. Allerdings hat derjenige, der die vielen Informationen zu sammeln und zu gewichten hat, einen anstrengenden Denkprozess vor sich. Viele Menschen vertrauen deswegen in komplexen Situationen mehr der Heuristik. Das sind Strategien oder „Entscheidungsfindeverfahren", die unbewusst auf Vereinfachung oder Faustformeln zurückgreifen. Sie sind „extrahierte Erfahrungen" aus vergangenen persönlichen oder von anderen Personen mitgeteilten Erlebnissen. Ähnlich wie in der Kombinatorik werden lediglich ein paar Schlüsseldaten herangezogen, um zu einer Entscheidung zu kommen. Das entspricht im Grunde genommen dem automatischen Denken, auf das zu Beginn des Kapitels bereits eingegangen wurde. Für Personen mit enormer Erfahrung und der Begabung, Typisches vom Atypischen zu unterscheiden, ist Heuristik ein wertvolles Instrument.
Allerdings gibt es auch zahlreiche heuristische Fallen, nämlich dann, wenn die neue Situation mit dem gewohnten Bild oder Muster nicht zusammenpasst. Heuristischen Fallen können unter anderem sein:

- **Expertenfalle**
  „Ich bin Experte, ich muss es wissen".
  Dieses Denken macht unflexibel und blind für neue Informationen.
  Das kann sich in einer Expertengruppe noch aufschaukeln und zu einem Risikoschubphänomen (vgl. Kap. 2.6.6) auswachsen

- **Vertrautheitsheuristik**
  In bekanntem Gelände oder in bekannten Situationen fühlen wir uns sicherer und neigen dazu, die falschen Schlussfolgerungen aus unserer Wahrnehmung zu ziehen.
  „Da habe ich immer schon so entschieden, da ist noch nie etwas passiert, das war immer schon so".

- **Festlegungsheuristik**
  Dies geht auf das ballistische Handeln zurück, das bereits in Kapitel 2.6.6 bei Risikoverhalten in Gruppen beschreiben worden ist, aber Leitungs- und Führungskräfte in gleichem Maße betrifft.

- **Anerkennungsheuristik**
  Unsere Entscheidungen und unser Verhalten sind unter Umständen dadurch bestimmt, dass sie uns Anerkennung und Respekt bringen. An diese Heuristik werden wir bereits in jungen Jahren gewöhnt. Verschiedenen Untersuchungen haben gezeigt, dass Männer in Anwesenheit von Frauen vermehrt wetteifern, sich konfrontativer verhalten und bereit sind, mehr Risiko einzugehen (Utzinger, 2004, S. 55).

3.5.7 Rückkoppelung und Reflexion der Entscheidungen

Bei unseren Entscheidungen haben wir manchmal das Problem, dass wir nicht genau wissen, ob sie die richtigen waren, wenn wir kein unmittelbares Feedback oder eine direkte Rückkoppelung in der Situation bekommen. Fällt also eine Entscheidung fehlerhaft, aber ohne Konsequenzen aus, ist das ein *„non event feedback"* (Utzinger, 2003, S. 42). Sie wird dann eher als „Erfolg" verbucht, obwohl niemand weiß, wie knapp man einem Unfall oder einer Katastrophe entkommen ist. Jan Mersch, Psychologe und Bergführer im Bundeslehrteam des DAV, beschreibt dies auch als *„Verstärkende Rückkoppelung"* (Mersch, 2001, S. 225).

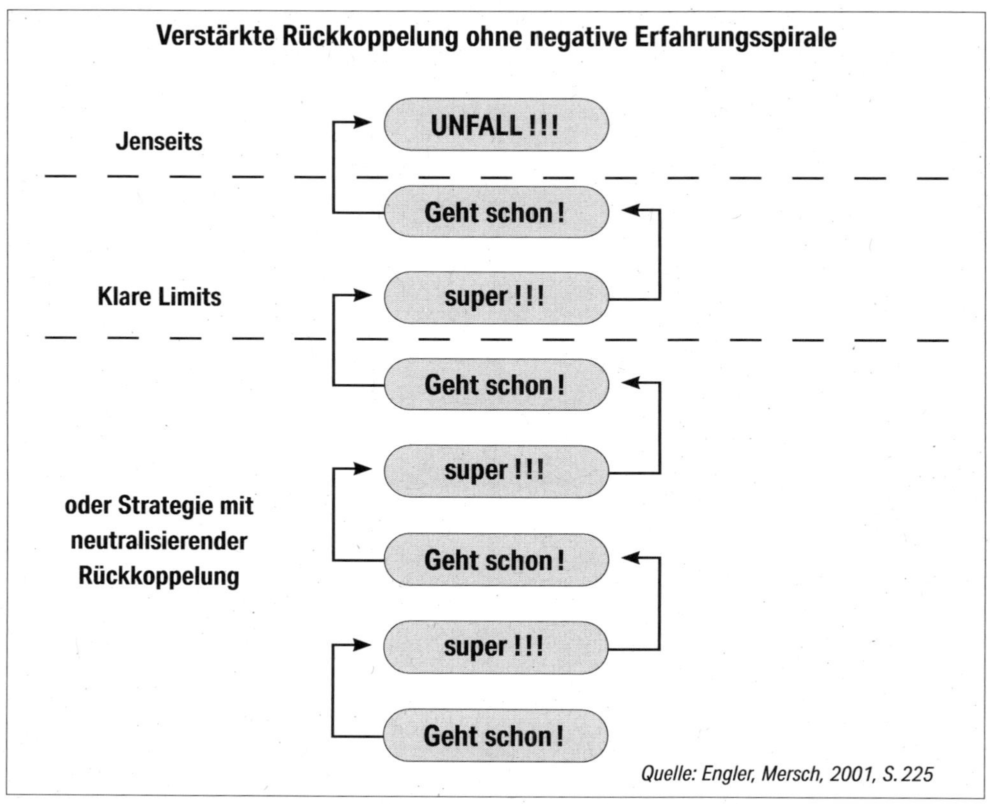

Verstärkte Rückkoppelung

Er empfiehlt als Ausweg zu diesem Dilemma eine *„neutralisierende Rückkoppelung"* auf der Basis einer Entscheidungssystematik (Mersch, 2001, S. 225). Alle Ergebnisse und Entscheidungen werden in eine immer wieder kehrende kritische Betrachtung (neutralisierende Rückkoppelung) gebracht.

Peter Geyer plädiert nach jeder Tour mit etwas Abstand zum *„überschwänglichen Erfolgserlebnis"* (Geyer, 2004, S. 23-25) die kritische Nachbereitung der Fakten, aber auch der Stimmungen, die die Verantwortungsträger geleitet haben. Ziel dabei ist es, den Einfluss der eigenen Stimmungen auf die Entscheidungsfindung zu erkennen. Wer sich immer wieder von Hochgefühlen leiten ließe, dessen Entscheidungen würden nicht die nötige Distanz besitzen und dessen Risikofreudigkeit würde steigen.

Aus diesem Grund legt er weiter nahe, Risikomanagement als ein *„geschlossenes System"* anzuwenden (Geyer, 2007, S. 125). Das geschlossene System ist hier ein Kreislauf aus dem Erkennen von Gefahren, dem Einschätzen des Risikos, der gewählten Strategie, dieses Risiko zu minimieren und abschließend die Nachbereitung und Reflexion des Erlebten.

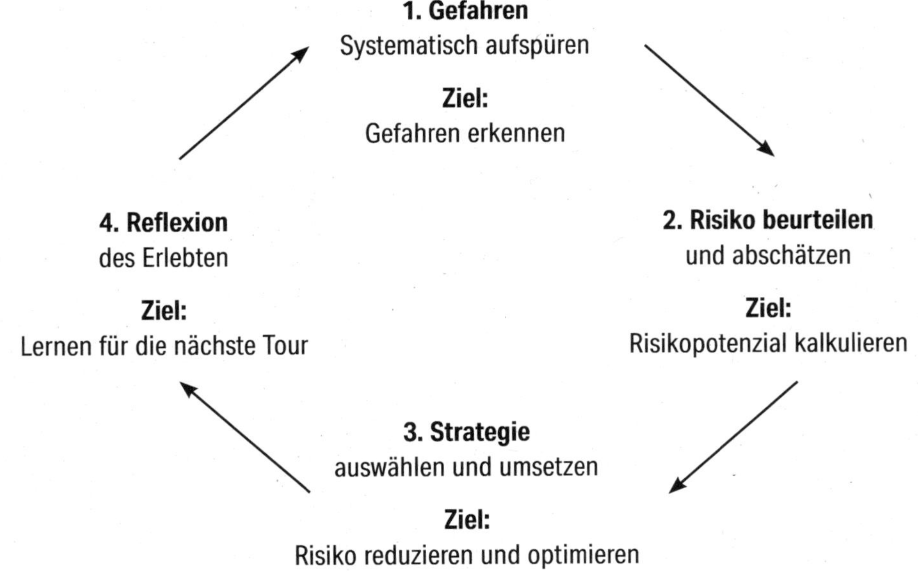

Trotz aller vorgestellten Instrumente und Strategien, Informationen zu gewinnen und in eine sinnvolle Strategie einzubetten ist *„Risikomanagement vor allem – Sorge."* (Schwiersch, 2003, S. 62).

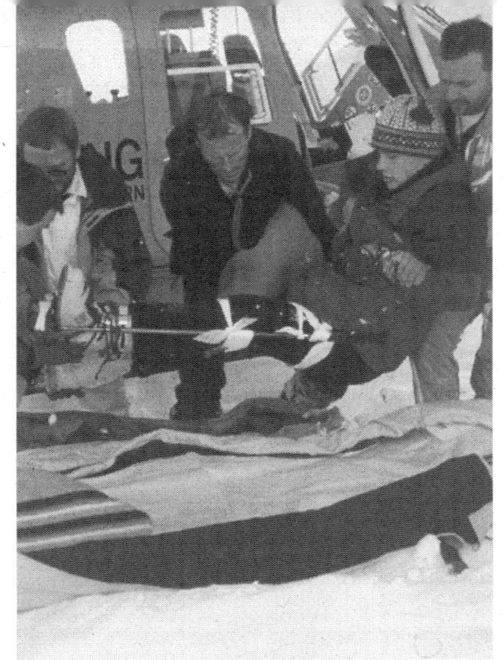

4. Notfall-management

4. Notfallmanagement

Die ersten drei Kapitel hatten das Ziel, für differenzierte Leadership Kompetenzen zu werben und Anregungen zum Erweitern des eigenen Handlungsspektrums zu geben. Die psychologischen und gruppendynamischen Aspekte sollten wichtige Hintergründe zum Faktor Mensch für die Arbeit mit Gruppen Outdoor darstellen und die Auseinandersetzungen mit Risikomanagementstrategien einen Überblick über aktuelle Instrumente geben, um für komplexe Sicherheitsanforderungen besser gerüstet zu sein.

Verschiedene Autoren belegen in ihren dargestellten Missgeschicken (Dewald/Kraus/Schwiersch, 2004) und Unfallbeispielen (Gatt, Libicky, Stockert, 2006) die Notwendigkeit, sich in Sicherheitskonzepten auch mit diesen menschlichen Faktoren auseinanderzusetzen. Dennoch lässt sich selbst bei größter Vorsicht ein Restrisiko nicht völlig ausschließen.

Shit happens

Wenn sich nun ein Unfall ereignet, sieht sich der Guide unter Umständen schnell einer komplexen Situation ausgesetzt. Neben der Bergung und Erstversorgung der verletzten Person, muss nämlich dem Umstand Rechnung getragen werden, dass eine Versorgung durch den Rettungsdienst im Outdoorbereich nicht immer innerhalb von 15 Minuten zu gewährleisten ist. Häufig stellt sich sogar die Frage, ob der Landrettungsdienst dazu überhaupt in der Lage ist oder ob man Spezialisten wie die Wasserrettung, die Höhlenrettung, die Bergrettung oder die Feuerwehr braucht. Bei einer längeren Wartezeit auf professionelle Hilfe beeinflussen noch Witterungsbedingungen und die anderen Teilnehmer die Situation.
Aus diesem Grund blicke ich in meinen Ausführungen über Notfallmanagement immer auf ein Spannungsfeld zwischen dem Unfallereignis, dem Leitungsverhalten und der entstehenden Gruppendynamik.

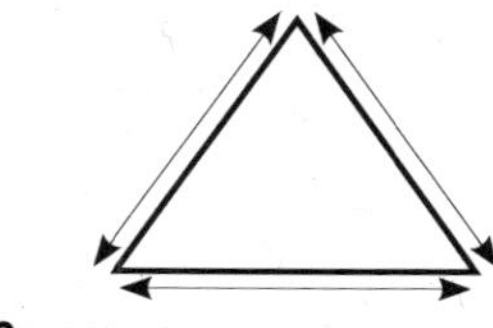

Ausgangssituation bei einem Unfall

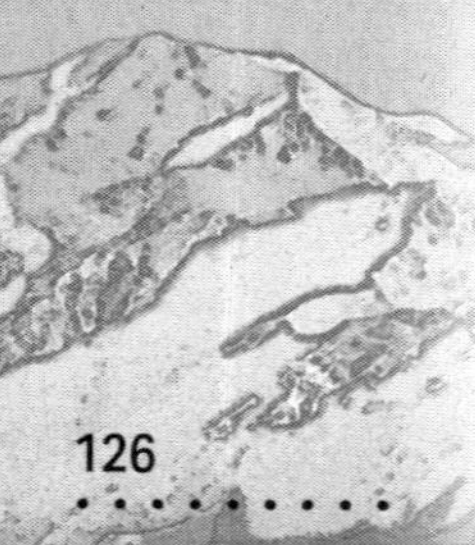

4.1 Ablaufstruktur im Notfallmanagement

Die hier vorgestellten Empfehlungen für eine systematische Vorgehensweise, sollen Leitlinien zur *„Ablaufstrukturierung"* (Buerschaper, St. Pierre, 2003, S. 26) einer Unfallsituation sein und für den Guide einen „Roten Faden" darstellen. Sie resultieren zum einen aus meinem fachlichen Hintergrund als langjähriger Rettungsassistent und ehrenamtlicher Bergwacht-einsatzleiter und zum anderen aus einer über 10-jährigen Erfahrung in der Ausbildung von Notfallkompetenzen für Guides. Für die Darstellung reiner Erste Hilfe Maßnahmen möchte ich auf die entsprechende Fachliteratur am Ende des Kapitels verweisen.

4.1.1 Erster Eindruck über die Gesamtsituation

Zunächst sollte man sich bei einem Unfall im ersten Moment ein paar Sekunden Zeit nehmen, um einen Überblick über die Situation zu gewinnen. Besteht gerade aktuelle Gefahr für den Guide oder die Gruppe, dann muss darauf sofort reagiert werden? Falls die Sicherheit nicht gefährdet ist, nähert sich der Guide dem Verunfallten, um die nächsten Schritte einzuleiten. Für diesen ersten Eindruck empfiehlt sich folgende Gliederung:

Sofortmaßnahmen

- Überblick — Kurzes Innehalten und die Situation soweit wie möglich überblicken
- Aktuelle Gefahr — Gruppe informieren, Risiko weiterer Schritte abwägen
- Bergung — aus dem Gefahrenbereich (Seilgarten, Gletscherspalte, Wildwasser ...)
- Medizinisch — Abwendung lebensbedrohlicher Zustände (starke Blutung, Atemnot ...)

4.1.2 Versorgung des Verunfallten

Um den Verletzten versorgen zu können, muss man natürlich wissen, was ihm fehlt. Wenn eine bedrohliche Blutung offensichtlich ist, wird diese sofort gestillt und fällt chronologisch unter das Schema der medizinischen Sofortmaßnahme, denn starke Blutungen oder andere Bedrohungen der vitalen Funktionen haben in der Versorgung immer Vorrang.
Ist diese Bedrohung abgewendet oder sieht man zunächst nichts Auffälliges, wird der Verletzte untersucht. Folgende Vorgehensweise hat sich dabei bewährt:

Basis Patientencheck

- **Ansprechen und in die Augen schauen**
- **Aufnehmen von Körperkontakt (Puls fühlen)**
- **Frage: „Was ist passiert?"**
- **Frage: „Wo tut es weh?"**
- **Frage: „Schmerzt es noch an anderen Stellen?", „Ist sonst alles okay?"**
- **Kann sich die verletzte Person selber bewegen?**

Erweiterter Patientencheck
Der erweiterte Patientencheck ist eine ergänzende Untersuchungsmethode, um auszuschließen, dass das Unfallopfer noch weitere Verletzungen aufweist. Er wird nach Unfällen, die eine Mehrfachverletzung als wahrscheinlich erscheinen lassen, wie etwa ein Sturz aus größerer Höhe, durchgeführt. Folgende zusätzliche Maßnahmen haben sich dabei bewährt:

- **Die Person bitten, Arme, Finger, Füße und Beine zu bewegen**
- **Die Person bitten kräftig durchzuatmen**
- **Man kann auch den ganzen Körper von Kopf bis Fuß abtasten, um schmerzhafte Stellen zu finden**
- **Kann sich die Person an alles erinnern?**

Patientencheck

4.1.3 Notruf

Der Notruf sollte im Grunde genommen erst abgesetzt werden, wenn eine erste Übersicht über das Verletzungsausmaß besteht. Die Rettungsleitstelle muss nämlich die Art der Rettungsmittel und den Einsatz eines Notarztes abwägen. Ohne hinreichende Informationen kann sie aber keine sinnvollen Entscheidungen treffen.
Die bekannteste Notrufnummer im europäischen Raum ist die **112**. In Deutschland meldet sich bei dieser Nummer die integrierte Rettungsleitstelle der Feuerwehr, die auch der relevante Ansprechpartner ist. Das Fachpersonal der Leitstelle leitet dann gegebenenfalls an weitere Experten wie die Berg-, Wasser- oder auch Höhlenrettung weiter, die wiederum den Guide zurückrufen. Deswegen sollte man immer mobil erreichbar bleiben!
Im europäischen Ausland ist man häufig beim Wählen der 112 mit der Polizei oder Gendarmerie verbunden. Die Beamten leiten zwar den Notruf an die entsprechende Rettungsleitstelle weiter, wenn aber durch die Art der Unfallmeldung der Verdacht eines Fremdverschuldens oder der fahrlässigen Handlung im Raum steht, werden die Beamten in der Regel zur Unfallstelle aufbrechen, um ihre Ermittlungen einzuleiten.

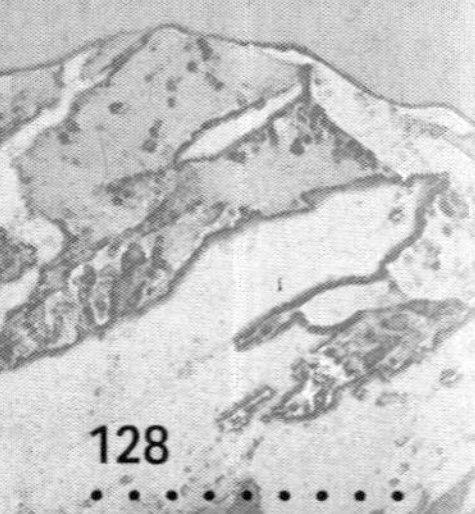

Dieser Vorgang ist zwar im juristischen Sinne normal, die Situation an der Unfallstelle wird aber dadurch für den Guide und die Gruppe komplexer und möglicherweise belastender. Da der Polizeifunk häufig von den Medien abgehört wird, kann die Presse bei entsprechendem Nachrichtenwert auch noch erscheinen. Vor allem das Erscheinen der Medien an der Unfallstelle sollte unbedingt vermieden werden.
Für den Fall, dass dies dennoch unvermeidbar ist, beschreibe ich im Kapitel 5 „Krisenmanagement" wichtige Verhaltensweisen.

Tipp

Für Outdoor Veranstaltungen im Ausland empfiehlt es sich, die Telefonnummer der tatsächlich zuständigen Rettungsleitstelle im Vorfeld zu recherchieren und im Smartphone einzuspeichern.

Mit folgenden Nummern (Stand 2021) habe ich im Ausland aus dem jeweiligen Landesnetz bisher gute Erfahrungen gemacht:

In Österreich:	Bergrettung **140**, Landrettung **144**
Schweiz:	**112** oder **1414** Schweizer Rettungsflugwacht
Frankreich:	**112** oder mit Landesvorwahl **0033 15**
Italien:	**118**.

Zum Notruf gehört das bekannte **W-Schema**:

- **Was** ist passiert: z.B. Bergunfall, Mountainbikeunfall
- **Wo** ist es passiert: genaue Ortsbezeichnung (Karte, Höhenmesser, GPS)
- **Wie viele** Verletzte: wichtig für die Einsatzlogistik der Rettungsorganisation
- **Welche** Verletzung: wichtig ob der Notarzt mitgeschickt werden soll
- **Wer** ruft an: Handynummer für Rückfragen aus der Einsatzleitung
- **Wetter** am Unfallort: wegen Einsatztaktik und Hubschrauber

Wie bereits erwähnt, wird vor allem bei Einsatzkräften aus Berg-, Wasser- oder Höhlenrettung der Guide vom jeweiligen Einsatzleiter zurückgerufen. Das weitere Vorgehen wird sich also nach den Informationen des Einsatzleiters über taktisches Vorgehen und den voraussichtlichen Eintreffzeitpunktes der Rettung richten.

4.1.4 Hubschraubereinweisung

Sollte ein Hubschrauber geschickt werden, braucht dieser eine geeignete Landefläche. Die Kriterien dafür sind in der Regel:

- 100 Meter hindernisfreier Anflugbereich des Hubschraubers
- 25 Meter x 25 Meter hindernisfreie Landefläche
- Etwa 4 Meter x 4 Meter möglichst ebene Aufsetzfläche

Die Y Stellung ist das internationale Zeichen für „Yes, we need help". Der Pilot wird die Maschine immer gegen den Wind landen, wollen. Deswegen empfiehlt sich, mit dem Rücken zum Wind zu stehen und ein Dreieckstuch oder Halstuch fest in der Hand zu halten. Alle losen Gegenstände sollten vorher allerdings weggeräumt werden, da diese sonst den Rotor des Hubschraubers gefährden können. Wenn der Pilot den Landeplatz erkannt hat, entfernt man sich von der Landefläche, da das genaue Einweisen in der Regel nicht mehr nötig ist. Sollte nach dem Landevorgang eine Aufforderung zum Annähern an den Hubschrauber erfolgen, dann immer von vorne im Sichtbereich des Piloten und bei laufendem Rotor mit gesenktem Oberkörper!

Hubschraubereinweisung

4.2 Leadership im Notfallmanagement

Notfallmanagement bedeutet also verschiedene Aufgaben strukturiert „abzuarbeiten" (Rohwedder, 2005). Wie bereits dargestellt, hat der Verletzte in der Chronologie der Handlungen Priorität. Danach wird die Rettung alarmiert und die Gruppe in weitere Schritte eingebunden. Je komplexer die Unfallsituation dabei ist, desto umfangreicher werden die Aufgaben und desto wichtiger sind sinnvolle und eingeübte Handlungsabläufe. Ein allein arbeitender Guide hat dabei viel zu tun. Wenn man mit einem zweiten Guide zusammenarbeitet, ist es am sinnvollsten, die Aufgaben in einen medizinischen und einen organisatorischen Bereich zu gliedern. Ich möchte dabei den Begriff der **medizinischen Leitung** und der **organisatorischen Leitung** vorschlagen.

Die medizinische Leitung kümmert sich hauptsächlich um den Verletzten und trifft die notwendigen Entscheidungen. Dabei nötige Hilfestellungen, die Kommunikation mit der Rettung und das Einbinden der Gruppe in weitere Schritte ist die Aufgabe der **organisatorischen Leitung**.

Aufgabenteilung bei zwei Guides

4.2.1 Transparenz und Aufgabenverteilung

Transparenz über die aktuelle Situation zu schaffen, ist für alle Beteiligten sehr hilfreich, denn sie schafft Orientierung. Zunächst sollte der Gruppe also mitgeteilt werden, dass gerade etwas Ernstes passiert ist. Je nach Ausgangssituation hat das nämlich nicht immer jeder gleich mitbekommen. Dann erfährt die Gruppe, wie es weiter geht. Die Rettung sollte durch die organisatorische Leitung alarmiert werden, denn die meisten Teilnehmer sind in der Regel damit überfordert. Meistens scheitert diese Aufgabe bei Teilnehmern schon an der Beschreibung der Unfallstelle.

Danach sollten folgende Aufgaben erwogen und bestimmten Personen zugeordnet werden:

- Material holen (Biwaksack, Decken, Kocher, Windschutz ...)
- Feuer machen oder Tee zubereiten ...
- Ein Teilnehmer kann beim Verletzten Betreuungsaufgaben übernehmen.
- Ein geeigneter Teilnehmer kann mit dem Rest der Gruppe zum Stützpunkt gehen.
- Einige Teilnehmer könnten dem Rettungsdienstpersonal entgegenlaufen, damit man im Gelände schneller gefunden wird.
- Unter Umständen muss der Verletzte sogar aus dem Gelände behelfsmäßig evakuiert werden.

Improvisiertes Transportieren

Hilfreich ist es dabei, diese Aufgaben namentlich zu verteilen, statt anonym in die Gruppe zu sprechen. „Franz Du machst das …" – anstatt „Macht mal einer …"
Der Führungsstil ist dabei also direktiv.

Wenn nach der Erstversorgung längere Zeit auf die Rettung gewartet werden muss, kann man versuchen die Situation für den Betroffenen zu optimieren. Die Verbesserung des Kälte- oder Hitzeschutzes, die Lagerung und die Betreuung stehen dabei im Vordergrund.

Emotionale Botschaften wie Lob an die Teilnehmer über deren gute Mithilfe oder die Bestätigung, dass die Situation „im Griff" ist, stärken die Bereitschaft, das Warten auf die Rettung aushalten zu können und beugen blindem Aktionismus vor.

Folgende Grafik soll die Aufgaben noch einmal darstellen:

Ablaufschema

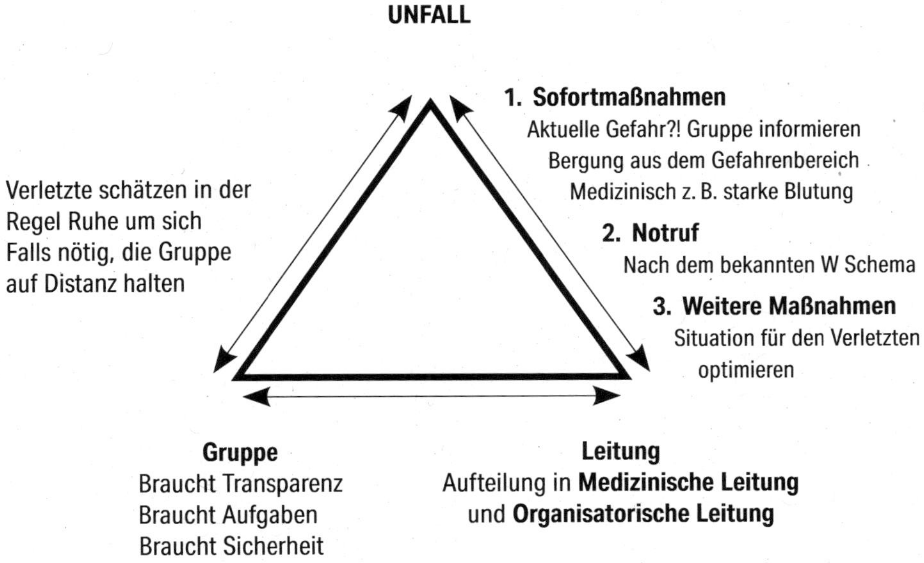

UNFALL

1. Sofortmaßnahmen
Aktuelle Gefahr?! Gruppe informieren
Bergung aus dem Gefahrenbereich
Medizinisch z. B. starke Blutung

2. Notruf
Nach dem bekannten W Schema

3. Weitere Maßnahmen
Situation für den Verletzten optimieren

Verletzte schätzen in der Regel Ruhe um sich
Falls nötig, die Gruppe auf Distanz halten

Gruppe
Braucht Transparenz
Braucht Aufgaben
Braucht Sicherheit

Leitung
Aufteilung in **Medizinische Leitung** und **Organisatorische Leitung**

4.2.2 Übergabe an den Rettungsdienst

Wenn der Rettungsdienst kommt, gibt die medizinische Leitung kurz dem Personal bekannt, welche Erste-Hilfe- Maßnahmen durchgeführt wurden und wie der aktuelle Zustand des Verletzten ist. Alles Weitere übernimmt dann das Rettungsdienstpersonal. Vor dem Abtransport sollte noch erfragt werden, in welches Krankenhaus die verletzte Person kommt, welche Telefonnummer dieses hat und ob jemand eventuell mitfahren kann. Kostenfragen werden in der Regel über Versicherungen geklärt. Im Ausland sind Zusatzversicherungen sehr nützlich, weil oft andere Abrechnungsgrundlagen existieren. In bestimmten Ländern muss allerdings gleich bar oder über Kreditkarten bezahlt werden. Auf solche Situationen vorbereitet zu sein, sollte zu einer professionellen Vorbereitung von Outdoorprogrammen gehören.

Übergabe an den Rettungsdienst

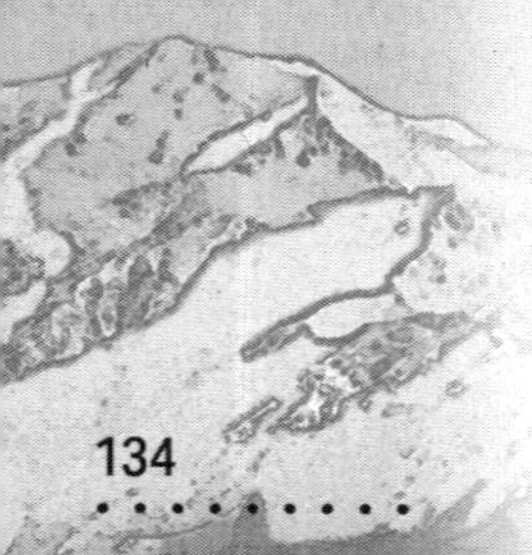

4.3 Notfallpsychologische Aspekte

Wie empfinden verletzte Menschen die Unfallsituation und wie kann durch angemessenes Verhalten die Situation verbessert werden? Seit einigen Jahren werden immer mehr die psychologischen Belastungen in einer Unfallsituation für den Verletzten, wie auch für die Helfer diskutiert und nach Antworten auf diese Fragen gesucht.

4.3.1 Umgang mit dem Verletzten

„Eine Vielzahl von bisher nicht bekannten und damit irritierenden Empfindungen, Gefühlen und Gedanken tritt auf." (Lasogga, Gasch, S. 32). Da viele Notfallopfer ihre Umgebung meist nicht mehr selbst kontrollieren können, sollten die Verletzten wenn möglich in irgend einer Weise eine Chance zur Mitarbeit erhalten. Selbst bei einem Schwerverletzten, wo möglicherweise die medizinische Handlungskompetenz der Leitung an ihre Grenzen kommt, kann durch Betreuung und durch Unterstützung bei der *„Selbstkontrolle"* (A. Maercker, S.35), die Situation des Verletzten um einiges erträglicher werden.

„Als ein massives sozialpsychologisch bedingtes Belastungselement werden von vielen Notfallopfern Zuschauer erlebt..." (Lasogga/Gasch, S. 33). Die medizinische Leitung sollte Zuschauer auf jeden Fall fernhalten, kann aber die Hilfsbereitschaft der Gruppe für den Verletzten behutsam nutzen. Voraussetzung dabei ist jedoch, dass der Verletzte die Nähe der Gruppe akzeptiert.

Tipps im Umgang mit Verletzten

- Reden Sie mit dem Betroffenen und suchen Sie behutsam Körperkontakt (Pulskontrolle).
- Binden Sie ihn in Handlungen mit ein, denn das schafft ein Gefühl der Selbstkontrolle.
- Schaffen Sie Transparenz über das Vorgehen und den weiteren Verlauf („Rettung ist verständigt, es wird dabei noch folgende Zeit dauern, der Transport geht dann in folgende Ortschaft, dort wird man weiteres abklären").
- Bleiben Sie möglichst als Bezugsperson bei dem Betroffenen oder definieren Sie jemanden, falls Sie sich um weitere Dinge kümmern müssen.
- Die Gruppe darf beim Verletzten sein, wenn sie ihn nicht stört und wenn sie helfen kann.
- Ein wütendes Verhalten des Verletzten ist situationsbedingt und sollte nicht persönlich genommen werden.

4.3.2 Wie geht es nach dem Unfall weiter?

Unfälle hinterlassen meist starke Eindrücke bei allen Betroffenen. Der Guide muss nun klären, wie es weiter geht. Schwere Unfälle sollten so schnell wie möglich dem Veranstalter gemeldet werden, da oft zusätzliche Aufgaben wie die Regelung der Angehörigenkontakte, der Umgang mit polizeilichen Ermittlungen und Presseanfragen anstehen. Damit wäre ein Guide vor Ort in der Regel überfordert. Deswegen braucht er vom Veranstalter Unterstützung. Im Kapitel 5 „Krisenmanagement" werden diese Aufgaben noch ausführlicher dargestellt.

In diesem Abschnitt geht es jetzt um die Frage, ob und wie im Tagesprogramm weitergemacht werden kann. Folgende Überlegungen spielen dabei eine wichtige Rolle:

- In welches Krankenhaus kommt der Betroffene und wie kann man dorthin Kontakt halten?
- Selbstklärung der einzelnen Gruppenleitung, wie und in welcher Art und Weise sie das Programm weiter machen kann.
- Falls es ein Leitungsteam ist, muss geklärt werden, wie man im Team weiter macht
- Wie geht die Gruppe damit um?

Wenn die Gruppenleitung den Eindruck hat, dass die Gruppe nicht sonderlich betroffen reagiert, wie es beispielsweise bei leichten Verletzungen zu erwarten ist, kann auch ohne Miteinbeziehung der Gruppe eine Entscheidung zum Fortführen des Programms getroffen werden.
Ist aber davon auszugehen, dass der Unfall Verunsicherungen ausgelöst hat, sollte mit der Gruppe ein klärendes Gruppengespräch stattfinden.

Während das Management der Notfallsituation vor Ort eher ein direktiver Stil ist, halte ich für das Gruppengespräch den integrativen oder auch demokratischen Stil für den situativ angemessenen.

4.3.3 Tipps und Anregungen für ein Gruppengespräch nach einem Unfall

1. Einen störungsfreien Raum oder Rahmen aufsuchen (keine Handys, Zuschauer ...).
2. Die Gruppenleitung macht die Unfallsituation noch einmal transparent und gibt aktuelle Infos aus dem Krankenhaus wieder, sofern diese bereits vorhanden sind.
3. Keine Klärungsversuche, wie der Unfall passiert ist und keine Schuldbearbeitung, denn das erfolgt immer erst später, nachdem die Ursache durch Experten geklärt wurde.
4. Den Rahmen und Kontext des Outdoorprogramms noch einmal verdeutlichen (Klassenfahrt, Outdoortraining, Reise, Führung ...), Vorschlag zum weiteren Vorgehen im Programm machen und die Teilnehmer fragen, ob es für sie in Ordnung ist.
5. Falls Widerstände zum Programmvorschlag entstehen, liegt das möglicherweise an unterschiedlichen Bedürfnissen, die Situation zu verarbeiten. Dann sollte erfragt werden, welches die Alternativen sein können.
6. Letztlich sollte eine „Win-Win Situation" entstehen, in der für alle Beteiligten eine gute Lösung gefunden ist.

Gruppengespräch

Abschließend muss noch geklärt werden, ob und wie unser Patient nach ärztlicher Versorgung wieder zur Gruppe zurückkommen kann. Wenn er stationär im Krankenhaus bleiben muss, kann man überlegen, ob er besucht werden darf. Eine Postkarte oder ein Strauß Blumen kann ebenfalls eine sehr nette Geste sein.

Solche Gruppengespräche werden immer dann schwierig, wenn es eine ausgeprägte emotionale Betroffenheit gibt. In diesem Fall sollte man den Kriseninterventionsdienst (KID) informieren. Das sind Mitarbeiter der Hilfsorganisationen, die in psychischer Erste Hilfe ausgebildet sind und ihre Unterstützung ehrenamtlich anbieten. Der KID kann über die Rettungsleitstelle angefordert werden.

In Notfällen helfen zu können anstatt untätig zuzusehen oder auf die Rettung zu warten ist ein gutes Gefühl. Auch in anspruchsvollen Unfallsituationen einen kühlen Kopf zu bewahren und die Anforderungen an Notfallmanagement zu erfüllen, steigert nicht nur unsere Kompetenz, sondern gibt uns auch Einblicke in eine neue Form von *„Emergency Leadership"* (Rohwedder, 2005).

Diese Kompetenzen möchte ich abschließend noch einmal kurz zusammenfassen:

Die 4 Säulen des Notfallmanagements			
Erste Hilfe Outdoor	**Ressourcen Management**	**Technische Kompetenzen**	**Leadership**
Medizinische Kenntnisse Handlungs-Kompetenz Notkompetenz	Material nutzen Einbindung der Gruppe Kooperation mit Rettungsdienst Hilfe von Externen	Fachsportliche Bergetechniken improvisierte Transport-möglichkeiten	Leitungs- und Führungsstil Stress-Management Aufarbeitung mit der Gruppe

Ich hoffe, dass ich dem Leser mit diesem Kapitel ein wertvolles Ablaufschema an die Hand geben konnte. Dieses Schema ersetzt jedoch nicht die Übung und ein Notfalltraining, in dem diese Abläufe zur praktischen Erfahrung gemacht werden können.
Wie aus einem Notfall eine Krisensituation entstehen kann und welche Ablaufstrukturen dann im weiteren Verlauf sinnvoll sind, wird im nächsten Kapitel beschrieben.

Hinweise zur Fachliteratur Erste Hilfe Outdoor:

Oster, P.: Erste Hilfe Outdoor, Ziel Verlag, Augsburg 2003
Treibel Dr., W.: Erste Hilfe und Gesundheit am Berg und auf Reisen, Bergverlag Rother, München 2006

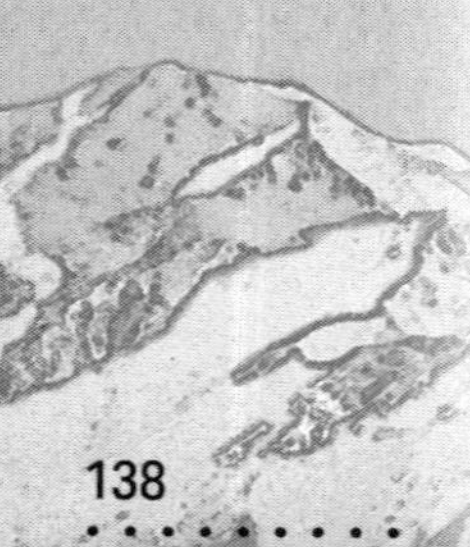

5. Krisenmanagement

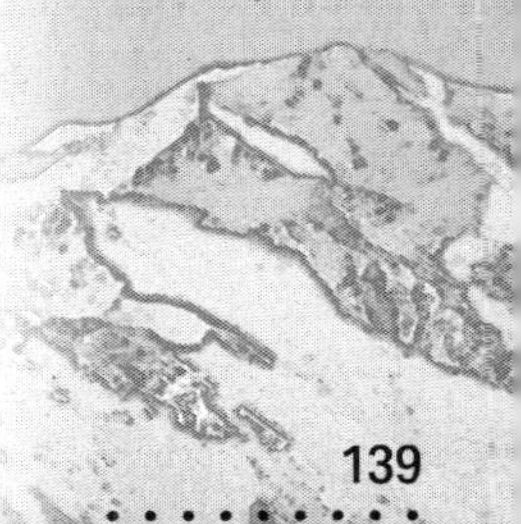

5. Krisenmanagement

Krisenmanagement ist zielgerichtetes Handeln in Krisensituationen. Dabei müssen wie im Notfallmanagement viele Aspekte, Themen und Interessen berücksichtigt werden:

- Betroffene Personen
- Angehörige
- Polizei und Staatsanwaltschaft
- Rechtsschutz
- Versicherungen
- Presse und Medien
- Öffentliche Wahrnehmung
- Mögliche Imageschäden
- usw.

Insofern hat Krisenmanagement „viele Gesichter".
Für eine gute Bewältigung von Krisensituationen spielen vorbereitete Konzepte und *„Krisenpläne"* (Dewald, 2005, S.5) eine Schlüsselrolle. Während Krisenmanagement alles Handeln in Krisen erfasst, bezieht sich Krisenintervention fokussiert auf die Vermeidung von psychischen Folgeschäden und bietet den Rahmen für psychische Erste Hilfe.

In den hier dargestellten Ausführungen wurde ich durch die Krisenmanagementkonzepte des Deutschen Alpenvereins und des Deutschen Bergführerverbands inspiriert, bei denen ich zum Teil aktiv mitwirken konnte. Weitere Anregungen habe ich durch Informationen beim Bundesamt für Bevölkerungsschutz und Katastrophenhilfe und Fortbildungen bei der Akademie für Krisenmanagement, Notfallplanung und Zivilschutz erhalten.

5.1 Einflussfaktoren auf eine Krisenentstehung

Krisensituationen können durch verschiedene Ereignisse ausgelöst werden:

- Vorfälle und Unfälle mit schwerer Verletzung oder Todesfall
- Bedrohungen und Gewalt in Outdoorprogrammen
- Schwer zuverarbeitende Ereignisse für die Betroffenen
- Schwere Infektionen und Vergiftungen
- Image Schaden durch Negativschlagzeilen
- Usw.

Während und nach diesen Ereignissen werden unterschiedliche Bedürfnisse geweckt, die zeitnah befriedigt werden wollen und müssen. Ein Guide und seine Gruppe brauchen in einer Krisensituation schnelle Sicherheit, Hilfe vom Veranstalter und danach einen geschützten Rahmen, in dem sie das Erlebte verarbeiten können.

Die Angehörigen müssen informiert werden, Polizei und Staatsanwaltschaft werden gegebenenfalls wegen Fahrlässigkeitsvorwürfen ermitteln, sodass rechtliche Hilfe notwendig ist und die Medien wollen unter Umständen rasch darüber berichten.

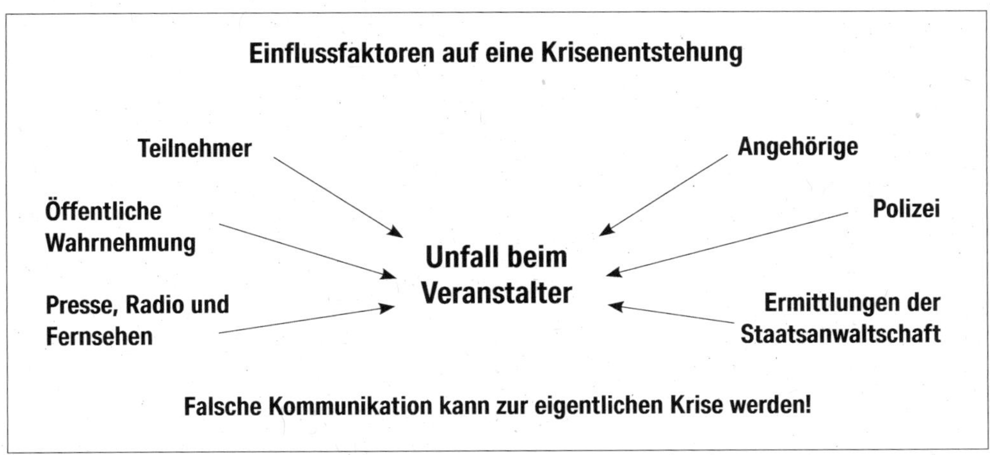

Einflussfaktoren auf die Krisenentstehung

Um diesen Bedürfnissen und Anforderungen gerecht zu werden, sollten die Krisenpläne oder Krisenmanagementkonzepte bei Outdoorveranstalter entwickelt werden, die ein schnelles und strukturiertes Helfen ermöglichen.

5.2 Krisenmanagement Konzepte

Um die auftretenden Krisensituationen möglichst vorhersehen und dann bereits im Ansatz bewältigen zu können, setzen sich Konzepte für Krisenmanagement in der Regel aus vier Bausteinen zusammen:

- **Krisenpotenzialanalyse** – vorhersehen möglicher Ursachen (Carrel, 2004, S. 70)
- **Krisenstab** – geeignete Personen koordinieren die notwendigen Aufgaben
- **Krisenkommunikation** – Sprachregelungen für Betroffene, Behörden und Presse
- **Psychologische Betreuung und Nachsorge** – Hilfe für alle Betroffenen

5.2.1 Krisenpotenzialanalyse

In einer Krisenpotenzialanalyse werden alle möglichen Situationen auf ihre Eintrittswahrscheinlichkeit und ihr Schadensausmaß analysiert und Strategien zur Vermeidung oder Senkung potenzieller Krisensituationen entwickelt.
Hochseilgärten beispielsweise haben durch die sehr hohen Sicherheitsstandards eine eher geringe Eintrittswahrscheinlichkeit von größeren Schäden. Sollte es aber dennoch zu einem Absturz kommen, ist das Schadensausmaß wahrscheinlich hoch.
Um dieses Krisenpotenzial zu erfassen, kann die folgende Grafik hilfreich sein. Darin müssen alle denkbaren „Worst Case" Szenarien in ihrer Eintrittswahrscheinlichkeit und in ihrem Schadensausmaß erfasst werden.

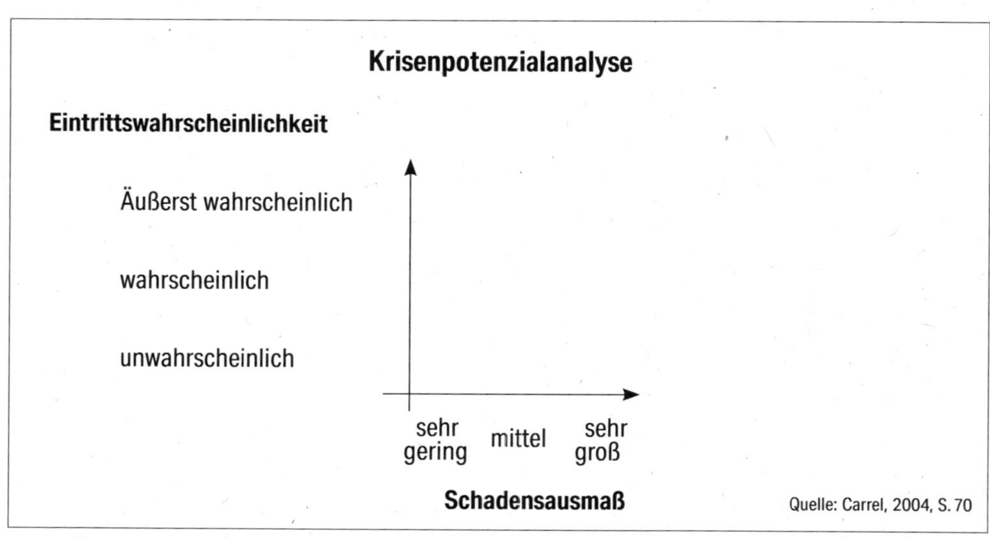

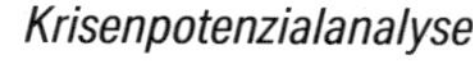
Krisenpotenzialanalyse

Sollte dann dabei eine Kombination aus hoher Eintrittswahrscheinlichkeit und großem Schadensausmaß vorliegen, müssen bisherige Vorsichtsmassnahmen und Risikomanagementstrategien helfen, das Krisenpotenzial zu minimieren. Sollte das nicht möglich sein, müssen zukünftig Aktionen mit diesem Potenzial vermieden werden.

Fallbeispiel: Unfall bei einem Event

Einem größeren Outdoor-Event-Anbieter ist vor vielen Jahren nach einem (feucht) fröhlichen Abend auf einer Almhütte während des Abstiegs ein Teilnehmer abhandengekommen. Beim Austreten ist der Alkoholisierte im Dunkeln über einen Felsabsatz gestürzt und hat sich dabei schwere Kopfverletzungen zugezogen. Der Unfall ist aber erst im Tal bemerkt worden!
Der Rettungseinsatz gestaltete sich äußerst aufwendig und dauerte bis spät in die Nacht.
Die Teilnehmer und Angehörigen reagierten sehr betroffen auf das Unglück, der Event konnte nicht mehr fortgeführt werden und die Staatsanwaltschaft schaltete sich mit Ermittlungen ein.
Schlussfolgerungen aus diesem Fall bedeuten, zunächst das Risikomanagement zu optimieren. Dabei müssen die Gruppengrößen und das Teilnehmer – Guide – Verhältnis hinterfragt, die Führungstechnik im Dunkeln, sowie der Umgang mit Alkohol geklärt werden.

5.2.2 Entwicklung eines Krisenstabes

Sollten trotz optimiertem Risikomanagement dennoch Krisensituationen entstehen, brauchen Veranstalter zur Koordinierung sämtlicher Aufgaben einen Krisenstab. Dieser besteht aus einem speziell zusammengesetzten Team von erfahrenen und vor allem für diesen Zweck geschulte Mitarbeiter. In der Regel braucht man folgende Spezialisten:

- **Koordinator:** Dieser muss mit dem Pressesprecher die externe Sprachregelung definieren und für den internen Informationsfluss in der Firma sorgen.
- **Pressesprecher:** Wenn die Medien beim Veranstalter anrufen oder vorbeikommen, sollte ein geschulter Pressesprecher für eine geeignete Informationspolitik sorgen.
- **Sicherheitsexperte:** Dieser ist bei der Erstellung einer internen Dokumentation wichtig. Er wird den Veranstalter bei polizeilichen Befragungen vertreten. Er sollte die Versicherung und den Rechtsanwalt informieren.
- **Unterstützer:** Die Unfallgruppe braucht unter Umständen schnelle Unterstützung vor Ort. Nachdem die Presse durchaus Interesse auch für den Unfallort zeigen kann, sollte der Unterstützer Kompetenzen im Umgang mit Medien haben, um die Betroffenen schützen zu können. Er sollte aber auch ein Gefühl für die Situation besitzen und mit der Krisenintervention zusammenarbeiten können. Auf die Bedeutung der ehrenamtlichen Kriseninterventionsdienste (KID) wird im weiteren Verlauf noch hingewiesen.

- **Betreuer:** Angehörige müssen informiert werden und dabei bewährt sich ein schneller Zugriff auf Teilnehmerlisten.
- **Hilfskräfte im Büro:** Sie dokumentieren nach Möglichkeit alle relevanten Telefon- oder Mailkontakte und erstellen Listen, aus denen erkennbar ist, wer bereits informiert wurde und wer noch angerufen werden muss. Sie arbeiten also direkt dem Koordinator Informationen zu.

Diese Aufgaben könnten natürlich in einer kleinen Organisation in einer Art Doppelfunktion übernommen werden. Nach den Erfahrungen des Autors sollte der Krisenstab aber mindestens aus drei Personen bestehen. Wenn ein Mitarbeiter des Krisenstabes im Urlaub ist oder erkrankt, können sich immer noch zwei Personen aus dem Team gegenseitig unterstützen. Ein Krisenstab muss natürlich jederzeit erreichbar sein. Eine Telefonnummer muss als Hot Line Nummer eingerichtet werden und jeder Gruppenleitung bekannt sein. Es gibt unterschiedliche technische Lösungen, wie die permanente Erreichbarkeit des Krisenstabs sichergestellt werden kann. Diese können über Telefon- und Internetanbieter erfragt werden. Man kann aber auch externe Firmen mit dieser Aufgabe und weiteren Service Leistungen im Krisenfall beauftragen.

In der Regel erstellt der Veranstalter eine so genannte **„Notfall Card"** für alle Mitarbeiter, auf der die wichtigsten Handlungsanweisungen und die **„Notfall-Hot-Line"** aufgeführt sind. Die Erreichbarkeit muss aber in beiden Richtungen gehen, denn nach dem Eingang einer Unfallmeldung muss die Gruppenleitung für das Besprechen des weiteren Vorgehens erreichbar bleiben. In der Regel werden dann Fragen der Evakuierung und das Verhalten beim Eintreffen der Polizei und der Presse besprochen.

Letztlich braucht ein Krisenstab eine Einsatzzentrale. Das ist ein Raum, der vom operativen Bereich getrennt ist und in dem man ungestört Lagebesprechungen durchführen kann. Bei schweren Unfällen kann davon ausgegangen werden, dass viele Pressevertreter, Angehörige oder anderweitig interessierte Personen anrufen. Um diesem Informationsbedarf gerecht zu werden, kann der Krisenstab eine Info-Hotline für Angehörige und für Pressevertreter einrichten. Diese Nummern sollten sowohl auf der Homepage, als auch auf dem Anrufbeantworter bekannt gemacht werden.

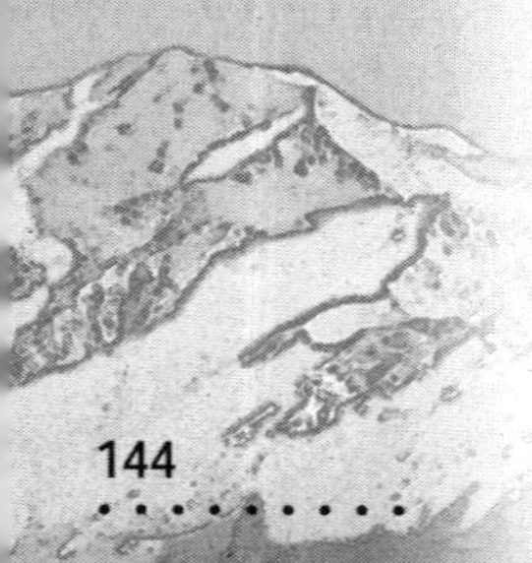

5.2.3 Krisenkommunikation

Nicht jeder schwere Unfall oder Vorfall wird gleich zu einer Krise. Falsche Kommunikation führt aber oft erst zu einer eskalierenden Situation. Deswegen sind gewisse Kommunikationsregeln und die frühe Verständigung des Krisenstabs entscheidend, um eine Informationshoheit gegenüber der Presse als auch allen anderen Beteiligten gegenüber zu behalten.

Krisenkommunikation hat unterschiedliche Aspekte:

- Informationshoheit – sämtliche Informationen laufen über den Krisenstab.
- Regelung der Presseinformationen
- Regelung des Informationsflusses innerhalb der Organisation.
- Klärung der Schlüsselbotschaften

Krisenkommunikation mit der Gruppe

Die Situation nach einem schweren Unfall ist für eine Gruppe gekennzeichnet von unterschiedlichen Bedürfnissen und Bewältigungsstrategien. Diese werden in Kapitel 5.3 noch dargestellt. Doch in der Chronologie nachfolgender Ereignisse ist es sehr hilfreich, bestimmte Abläufe vorherzusehen, um die Gruppe vor weiterer emotionaler Belastung zu schützen

Dabei geht es um

- die Regelung der Angehörigenkontakte.
- das Verhalten beim Eintreffen der Polizei
- das Verhalten beim Eintreffen der Presse

Vermutlich haben einige Teilnehmer unmittelbar nach dem Unfall ihre Angehörigen bereits angerufen. Das kann natürlich nicht untersagt werden. Da man aber nie weiß, welch ein „Echo" dieser Anruf bei den Angehörigen ausgelöst hat, sollte der Krisenstab dann den Kontakt zu den Angehörigen suchen und die Situation noch einmal in Ruhe erläutern.

Die Gruppenteilnehmer werden möglicherweise von der Polizei als Zeugen vernommen. Sie haben zwar als Zeugen nicht das Recht auf Aussageverweigerung, stehen aber direkt nach dem Ereignis so unter dem Eindruck des Geschehenen, dass Zweifel an der Sachdienlichkeit angebracht erscheinen. Außerdem ist es sinnvoll, der Gruppe zunächst einen Ort des Rückzugs und der Ruhe anzubieten. Es ist also völlig legitim, wenn man mit den Polizeibeamten einen Termin zur Zeugenbefragung in einem zeitlich sinnvollen Abstand vereinbart.

Beim Eintreffen der Presse muss die Gruppe auf jeden Fall vor Interviews geschützt werden, denn die Journalisten sind weniger an emotionaler Unterstützung interessiert, denn an medienwirksamen Bildern und Reportagen.
Doch nun der Reihe nach.

Krisenkommunikation mit den Angehörigen

Wie bereits erwähnt, sollten die Angehörigen von einem Krisenstabsmitarbeiter der Organisation verständigt werden, der einen gewissen emotionalen Abstand zum Ereignis hat. Für die Gruppenleitung kann ein Gespräch mit Angehörigen sehr belastend sein und sollte deswegen vermieden werden.

Für den Kontakt mit Angehörigen haben sich folgende Tipps bewährt:

- Hintergrundinformationen geben, wo sich die Betroffenen befinden und wie die Anreise erfolgen kann.
- Nützliche Telefonnummern weitergeben.
- Ruhig bleiben und bei Anschuldigungen nichts persönlich nehmen. Erst wenn Experten den Fall geklärt haben, werde man sich mit evtl. notwendigen Konsequenzen auseinandersetzen.
- Emotionale Botschaften senden, die versichern, dass man sich um alles notwendige kümmert.

Krisenkommunikation mit der Polizei

Wenn bei Veranstaltungen ein Teilnehmer körperlich zu Schaden kommt, wird in der Regel die Polizei Ermittlungen wegen des Verdachts der Fahrlässigkeit einleiten. Sie wird den Guide als Beschuldigten und die Gruppenteilnehmer als Zeugen vernehmen. Aber auch der Veranstalter muss verdeutlichen, um welche Art des Programms es sich hier handelt, welche Sicherheitsstandards in der Organisation angewendet werden und welche Qualifikationen das eingesetzte Personal aufweist.
Als Beschuldigte hat der Guide das Recht auf Aussageverweigerung, denn er muss sich nicht durch seine eigene Aussage selber belasten. Davon sollte auf jeden Fall Gebrauch gemacht werden, denn unmittelbar nach einem Unfall ist der Kopf meistens nicht frei oder anders ausgedrückt: „Man steht noch unter Schock!". Bei schweren Unfällen ist es absolut sinnvoll, sich vor der Vernehmung mit einem Rechtsanwalt zu besprechen.

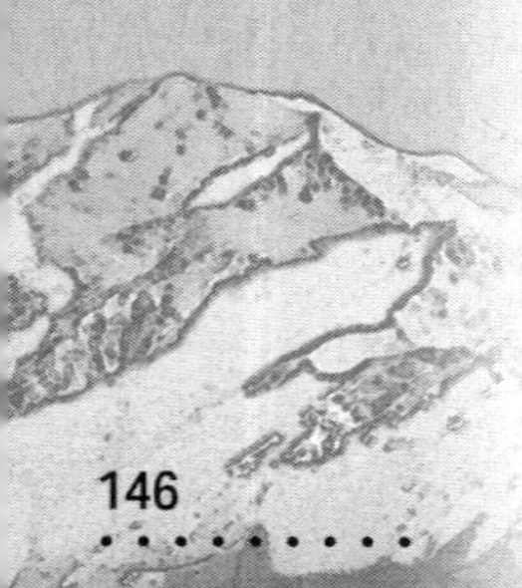

Krisenkommunikation mit den Medien

Prinzipiell stellt nur eine schnelle Kommunikation und Zusammenarbeit mit den Medien eine sinnvolle Informationshoheit einigermaßen sicher. Man sollte sich davor hüten, Medienvertreter Informationen zu verweigern oder sie sogar aus dem Haus zu verweisen. Die Medien können aber auch als Chance genutzt werden, wenn man sich an gewisse Regeln hält und richtige Botschaften platziert. Dies ist die Aufgabe ausgebildeter Pressesprecher. Damit soll vermieden werden, dass unterschiedliche Aussagen zum Sachverhalt nach außen dringen. Zur Übersicht der vielen Handlungsschritte kann die folgende Matrix eine unterstützende Checkliste darstellen:

Ablauf Plan	**Phase 1 Unfall ist passiert**	**Phase 2 Übergabe an Rettungsdienst**	**Phase 3 Wie geht es vor Ort weiter?**	**Phase 4 Aufgaben des Veranstalters**
Gelände/ Patient Situation vor Ort	Sofortmaßnahmen Notruf Weitere Erste Hilfe	Evt. behelfsmäßig transportieren Kälte, Nässe und Hitzeschutz Betreuung	Kontakt zum Krankenhaus halten und Infos aktualisieren	Unterstützung vor Ort durch Pressesprecher und Experten des Veranstalters
Leitung	Aufteilung in: Medizinische Leitung Organisatorische Leitung	Übergabe an Rettungsdienst mit Tel. Nummer des Krankenhauses erfragen Wer fährt mit? Bei schweren Unfällen Kontakt zum Veranstalter Alarmierung des KID veranlassen	Selbstklärung Teamklärung Kontakt zum Veranstalter halten um weiter Schritte zu besprechen	Absprachen treffen Leitung aus der „Schusslinie" bringen Beistand leisten Rechtsanwalt
Gruppe	Aufgaben übernehmen z.B. Erste Hilfe Kälte, Hitzeschutz, psychische Betreuung, Lager bauen, Feuer machen, Tee kochen usw.	Evtl. Aufgaben zur Betreuung Evtl. eigenständiger Rückzug zur Hütte Vorbereitungen in der Unterkunft treffen (falls nötig) Hinweis auf Polizei und Medienkontakte	Sicherer Rückzug Hinweis auf Kontakte mit der Polizei und den Medien (falls noch nicht geschehen) Orientierung an den Bedürfnissen der Teilnehmer Gemeinsame Klärung wie es weitergeht Regelung der Angehörigen- und Pressekontakte	Falls nötig Evakuierung Räumliche Strukturen als Schutz nutzen Angehörige informieren KID einbinden Modalitäten bei frühzeitigem Kursabschluss regeln

Der nächste Abschnitt wendet sich intensiv mit wichtigen Hintergründen und Tipps im Umgang mit den Medien zu.

5.3 Pressearbeit im Krisenfall

Wer schweigt hat etwas zu verbergen. Schnelle und vertrauensbildende Pressearbeit sichert die Informationshoheit gegenüber allen Beteiligten.

„Grundsätzlich sichern die Pressegesetze der Länder, dass die Medien weit gehend unbeeinflusst ihrer Arbeit nachgehen können." (Lenz, 2005, S. 14-17). Meist sind dort auch die öffentlichen Aufgaben konkretisiert, denn die Presse soll Nachrichten beschaffen und verbreiten, Stellung nehmen und Kritik üben sowie die Möglichkeit der Meinungsbildung erlauben. Der Pressekodex des Deutschen Presserates gilt hierbei in Verbindung mit den Landespressegesetzen als verbindliches Regelwerk für alle journalistisch arbeitenden Einzelpersonen und Unternehmen. Er orientiert sich sehr eng an den Vorgaben des Grundgesetzes der Bundesrepublik Deutschland, Artikel 5 und Artikel 18, definiert die Rechte und Pflichten der Medien und Medienschaffenden im Staat.

Behörden sind grundsätzlich zur Auskunft gegenüber Journalisten verpflichtet. Nur wenn ein Amtsgeheimnis vorliegt, ein Verfahren noch in der Schwebe ist oder ein *„schutzwürdiges Interesse"* einer Behörde oder eines Individuums vorliegt, können die Ämter Informationen verweigern.

Bei Privatpersonen, Unternehmen, aber auch nicht-öffentlichen Institutionen oder gar Vereinen sieht das anders aus. Von den Genannten muss sich keiner gegenüber Journalisten äußern. Im Sinne einer vertrauensbildenden Informationspolitik sollte man es aber. Entscheidend sind die Form und das Auftreten.

Die Pressefreiheit hat auch ihre Grenzen. Persönlichkeitsrechte sollen das Individuum schützen. Keiner muss es sich gefallen lassen, dass sein Name in der Zeitung gedruckt oder sein Bild im Fernsehen gezeigt wird. Das stimmt allerdings nur im Prinzip. Denn bei so genannten *„Personen der Zeitgeschichte"* (Lenz, 2005, S. 15), an denen die Öffentlichkeit Interesse hat, sind Teile des Persönlichkeitsrechts eingeschränkt. Männer und Frauen des öffentlichen Lebens – also Menschen aus Politik, Wirtschaft, Kultur oder Wissenschaft, auch auf kommunaler Ebene – müssen es erdulden, dass über sie berichtet wird. Schnell kann man allerdings zur *„relativen Person der Zeitgeschichte"* (Lenz, 2005, S. 15) werden. Als Bankräuber, als Lebensretter, aber eben auch als Guide einer bestimmten Outdoor-Veranstaltung.

5.3.1 Wann ist ein Ereignis für die Medien interessant?

Die Kommunikationswissenschaft spricht vom Begriff des Nachrichtenwertes, der sich durch unterschiedliche Wertefaktoren einordnen läst. Anhand dieser Wertefaktoren ordnen Journalisten eingehende Informationen als veröffentlichenswert oder nicht veröffentlichenswert ein. Unfälle und Krisensituationen werden dabei hochgeschätzt, da sie immer öffentliche Aufmerksamkeit erzeugen.

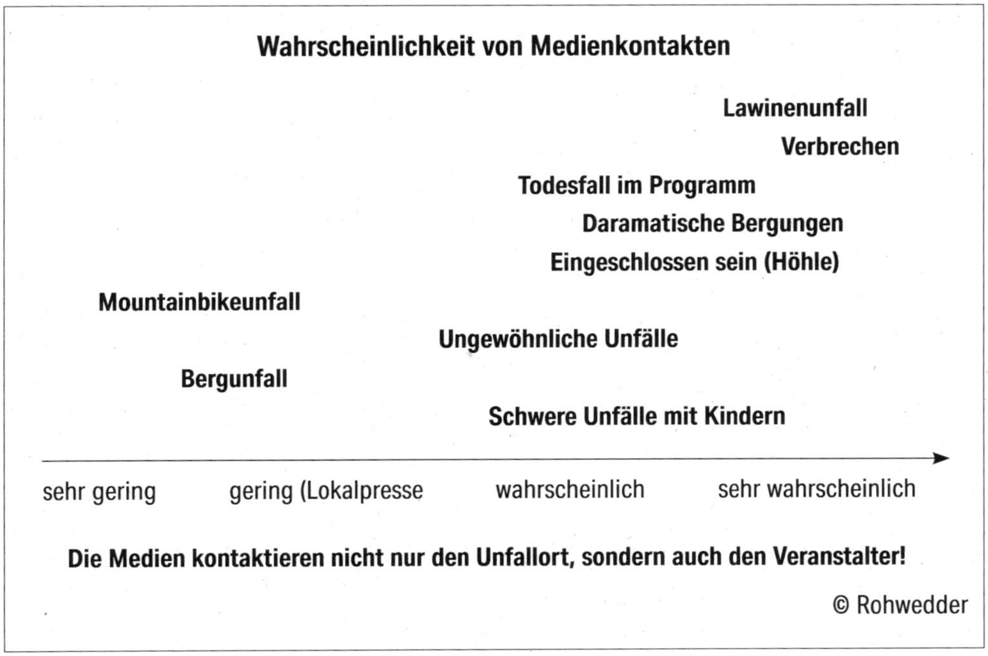

Wahrscheinlichkeit von Medienkontakten

Lawinenunfall
Verbrechen
Todesfall im Programm
Daramatische Bergungen
Eingeschlossen sein (Höhle)
Mountainbikeunfall
Ungewöhnliche Unfälle
Bergunfall
Schwere Unfälle mit Kindern

sehr gering — gering (Lokalpresse — wahrscheinlich — sehr wahrscheinlich

Die Medien kontaktieren nicht nur den Unfallort, sondern auch den Veranstalter!

© Rohwedder

Wahrscheinlichkeit von Medieninteressen

5.3.2 Presse ante Portas – Interviewformen

Ein Journalist muss sich bei seiner Berichterstattung in kürzester Zeit in ein Thema einarbeiten und seinen Artikel erstellen. Es gibt definitiv keinen Feierabend, bevor diese Arbeit nicht getan ist. Deshalb sind Journalisten oft in Eile, haben wenig Zeit und wirken mitunter gehetzt.
Journalisten kennen in der Regel keine klar definierten Bürozeiten. Das heißt für Sie: wenn Sie einem Journalisten zuarbeiten, dann müssen Sie auch erreichbar sein, notfalls zu Hause, und auch zu unüblichen Zeiten. Mit zufriedenen Journalisten arbeitet man besser, daran sollte immer gedacht werden.

Es gibt 3 zu berücksichtigende Interviewformen

- **Das Experteninterview** Ein komplizierter Sachverhalt muss einfach, und zielgruppengerecht vermittelt werden.
  Man sollte sich Zeit nehmen, um im Vorfeld das genaue Thema und den Umfang abzuklären.
- **Kontoverses Interview** Hier muss mit Anschuldigungen und Vorwürfen gegen den Veranstalter oder Leiter eines Outdoor Programms gerechnet werden.
  Meistens verbleibt wenig Zeit, um sich vorzubereiten (Pressekonferenz in 2 Stunden, am nächsten Morgen usw.)
- **Überfallinterview** Das Interview kommt überfallartig
  Man hat im Grunde keine Zeit, sich vorzubereiten.
  Versuchen Sie etwas Zeit zu gewinnen (5 Minuten)

Was man im Interview mitteilt ist nicht für den Interviewer gedacht, sondern für den Empfänger, also die Fachwelt, das Publikum, die Angehörigen, oder die breite Öffentlichkeit.

5.3.3 Botschaften im Interview

Man kann prinzipiell zwischen sachlichen und emotionalen Botschaften unterscheiden.
In einer sachlichen Botschaft sollten folgende Hinweise vorkommen:

- Die Unfallursache ist bisher noch ungeklärt.
- Das Unternehmen bemüht sich, mit Sicherheitsexperten die Ursache zu ergründen.
- Das Notfallmanagement vor Ort war Dank der regelmäßigen Schulungen der Mitarbeiter gut.
- Unsere Mitarbeiter sind erfahren.
- Die Sicherheitskonzepte orientieren sich an gültigen Sicherheitsstandards.

In einer emotionalen Botschaft sollten folgende Hinweise placiert werden:

- Die persönliche Betroffenheit des Sprechers und des Unternehmens
- Die Fürsorge allen Beteiligten gegenüber
- Das Mitgefühl für die Angehörigen
- Der Dank an die Rettungskräfte

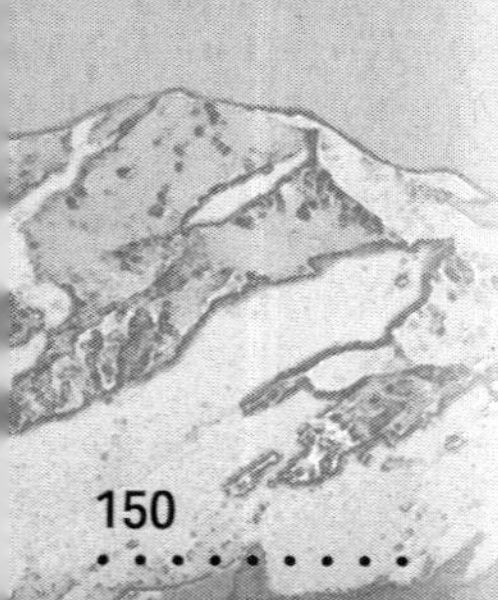

5.3.4 Aufbau einer Presseerklärung

Nach einem schweren Unfall ist die Entscheidung, ob man überhaupt an die Presse gehen sollte, nicht immer ganz einfach. Wenn ein stärkeres Interesse der Medien beispielsweise durch Telefonanrufe oder über ein Internet Echo zu beobachten ist, sollten früh Presseerklärungen an die Presseverteiler verschickt werden.

Sie gehören zum aktiven Informationsmanagement und können sich dabei an folgendem Schema orientieren.

- Was ist passiert?
- Wo ist es passiert?
- Wer ist betroffen?
- Wann ist es passiert?
- Welches Ausmaß, welcher Schaden, wie viele Verletzte?
- Wie wurde geholfen?
- Was weiß man sonst?
- Was gibt es zum Unternehmen zu sagen?
- Wohin kann man sich als Angehöriger oder Pressevertreter wenden?

Es ist dabei sicher hilfreich, wenn erwünschte Informationen, Botschaften und Aspekte im Vordergrund stehen. Das kann der Ausbildungsstand und die regelmäßigen Fortbildungen der Guides sein, das Notfallmanagement vor Ort oder die Erfahrung, die das Unternehmen seit Jahren vorweisen kann.

5.3.5 Gestaltung einer Pressekonferenz

Sollte es von Beginn an zu vielen Medienanfragen kommen, kann die Entscheidung für eine Pressekonferenz sinnvoll sein.

Folgende Entscheidungskriterien sind dabei hilfreich:

- Beobachten Sie die Medien; bei steigendem Interesse insbesondere der Boulevard-Medien, sollte zur Pressekonferenz eingeladen werden.
- Es sollte zeitnah zum Ereignis sein, also so früh wie möglich und so spät wie nötig.
- Legen Sie Örtlichkeit und Räumlichkeit fest.
- Einladungen, die Sie über vorbereitete Medienverteiler verschicken, informieren kurz über das Was, Wann, Wo, Wer eingeladen ist und Wer die Pressekonferenz moderiert oder für Fragen zur Verfügung steht.

Bereiten Sie sich gut auf eine Pressekonferenz vor. Beachten Sie dabei folgende Tipps:

- Bereiten Sie schriftliche Unterlagen als Pressemappe vor. Darin sollten eine aktuelle Presseerklärung, Informationen zum Veranstalter, möglicherweise Photos und Visitenkarten der Offiziellen enthalten sein.
- Legen Sie die Personen für das Podium fest: Geschäftsführer, Sicherheitschef, Bildungsreferent für pädagogische Fragen, manchmal kann ein externer Experte oder ein langjähriger Kunde hilfreich sein. Alle Personen benötigen Namensschilder.
- Sorgen Sie für Getränke und falls Sie einen Imbiss vorbereiten; denken Sie auch an Kleinigkeiten wie Servietten.
- Richten Sie den Raum für die Pressekonferenz her: Die Stuhlanordnung sollte eher halbkreisförmig sein, Tische sind hilfreich für die Journalisten, um Photoapparate und Sonstiges ablegen zu können, frei liegende Kabel müssen mit Tape gesichert werden und Hinweisschilder im Haus erleichtern die Orientierung.
- Grafiken, die komplexe Zusammenhänge darstellen, können hilfreich sein (Flipchart).
- Erstellen Sie einen persönlichen Frage-Antwort Katalog, vor allem, um sich auf kritische Fragen vorzubereiten.
- Lassen Sie eine Teilnehmerliste mit Kontaktdaten ausfüllen.
- Eine Pressekonferenz sollte nicht zu lange dauern; das Zeitfenster beträgt maximal 60 Minuten.
- Beim Verlauf empfiehlt sich folgende Vorgehensweise: Begrüßung, kurze Schilderung des Sachverhalts, Überleitung zum Sicherheitsexperten, Überleitung zum Bildungsreferent oder pädagogischen Leiter, Überleitung zu den Journalisten, Moderation, Abschluss und Verabschiedung.
- Erstellen Sie durch Videoaufzeichnung eine interne Dokumentation der Pressekonferenz damit Sie diese intern auch auswerten können.

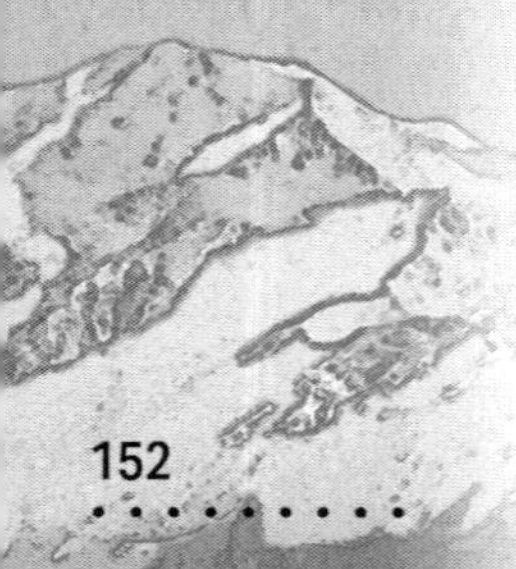

5.4 Krisenintervention

Wie der Körper, so kann auch die Seele Verletzungen davontragen, insbesondere dann, wenn noch keine Bewältigungsstrategien erlernt wurden. Während Krisenmanagement die gesamte Abwicklung aller Bereiche eines Krisenfalls darstellt, ist die Krisenintervention eine spezielle Maßnahme, betroffene Personen in der Verarbeitung ihrer Erlebnisse zu unterstützen.
In Kapitel 4.2.2 wurde bereits darauf eingegangen, wie ein Guide mit der Gruppe die Frage klären kann, ob oder wie in der Veranstaltung weitergemacht wird. Nun soll auf die Situation mit großer Betroffenheit eingegangen werden.

Schwere Unfälle oder kritische Ereignisse lösen im Menschen oft sehr verschiedene Reaktionen aus. Beim Verunglückten können Ängste, Scham, und der Verlust von *„Selbstkontrolle"* (Herzog, 2005, S. 7) Eindrücke hinterlassen, die ohne Hilfe schwierig zu verarbeiten sind. In der Gruppe sind manchmal sehr widersprüchliche und für den Guide oft irritierende Reaktionen vorhanden. Die einen wollen verstehen, wie und warum der Unfall geschehen ist. Andere möchten schweigen, sind fassungslos und brauchen etwas Abstand. Es gibt Menschen, die sofort sehr emotional reagieren und andere ziehen sich lieber zurück. Es sollte uns ein zentrales Anliegen sein, diese Bedürfnisse zu verstehen und nicht zu bewerten.

Das Riemann/Thomann Modell (vgl. Kapitel 2.5.2) kann hier hilfreich sein, die Unterschiedlichkeiten zu erkennen und verstehen zu lernen.

Bedürfnisse in Krisensituationen

DAUER

erstehen, analysieren, Ordnen der Innen- und Außenwelt,
„Rucksackpacken", Aufräumen, Angst vor Veränderung,
Im Extrem Zwanghaftes Verhalten

NÄHE	**DISTANZ**
Wärme, Schutz und Geborgenheit Sich anlehnen, klagen, Trauer zulassen verstanden werden, Angst vor Allein sein Im Extrem depressives Verhalten	Allein sein wollen, Abstand suchen nachdenken, mit sich ins Reine kommen Angst vor Nähe und vor Gefühlen Im Extrem Isolation und schizoides Verhalten

Sich Ablenken, verdrängen, loslassen, „Tapetenwechsel"
Neigung sich dramaturgisch Selbst darzustellen
Angst vor Festlegungen
Im Extrem Hysterisches Verhalten

WECHSEL

Jeder reagiert also nach einem Unfall auf seine eigene Weise. Manche Menschen haben bereits Bewältigungsmuster entwickelt, während andere sich auf Ihre Weise völlig hilflos fühlen. Ein Erlebnis oder eine Erfahrung wird dann zu einem Psychotrauma, wenn unsere zentralen Annahmen über uns selbst und die Welt erschüttert werden. In der Regel geht es bei dem erlebten um Sicherheitsverluste, Kontrollverluste, Leid und Hilflosigkeit.

Ein Psychotrauma lässt sich in zwei Kategorien einteilen:

- Seelische Verletzungen, die durch eine schlagartige Situation hervorgerufen wurden, wie etwa das Erleben eines Todesfalles oder einer Erfahrung durch Gewalt.
- Seelische Verletzungen, die über einen längeren Zeitraum andauern, wie etwa bei Missbrauch oder im Krieg.

Damit aus dem Trauma kein längerfristiges und nicht zu bewältigendes Erlebnis wird, sollte möglichst früh mit Angeboten zur Hilfe begonnen werden, um Ressourcen für eine Bewältigung entwickeln zu lernen. Wenn wir als Guide nach einem Unfall hochkonzentriert arbeiten, um die Gruppe zu schützen und zusammen zu halten, kann es sein, dass wir dabei unsere eigenen Emotionen als hinderlich erleben. Die Wahrnehmung unseres Umfelds lässt dann aber möglicherweise den Schluss zu, dass eine Betreuung für uns nicht notwendig erscheint. Dann sind wir also selber gefordert, uns Hilfe in der Verarbeitung zu holen.

Seit einigen Jahren haben sich aus den Hilfsorganisationen heraus ehrenamtliche Mitarbeiter in speziellen Ausbildungen für psychische Erste Hilfe qualifiziert und bieten Beratung und Begleitung nach schweren Unfällen an. Dieser Kriseninterventionsdienst (KID) kann über die Rettungsleitstellen angefordert werden und ist kostenlos.
Wenn dies unterlassen wird und auch sonst keine Hilfe zur Verarbeitung angeboten wird, kann sich durch das Trauma eine Posttraumatische Belastungsstörung (PTBS) entwickeln. Sie ist eine Folgereaktion eines oder mehrerer traumatischer Ereignisse.

Folgende Symptome können sich dabei einstellen:

- sich aufdrängende, immer wiederkehrende belastende Gedanken und Erinnerungen an das Ereignis
- Übererregungssymptome wie Schreckhaftigkeit, vermehrte Reizbarkeit, Konzentrationsstörungen und Schlafstörungen
- Vermeidungsverhalten für assoziierende Situationen
- Emotionale Taubheit, allgemeiner Rückzug, Interessenverlust und innere Teilnahmslosigkeit

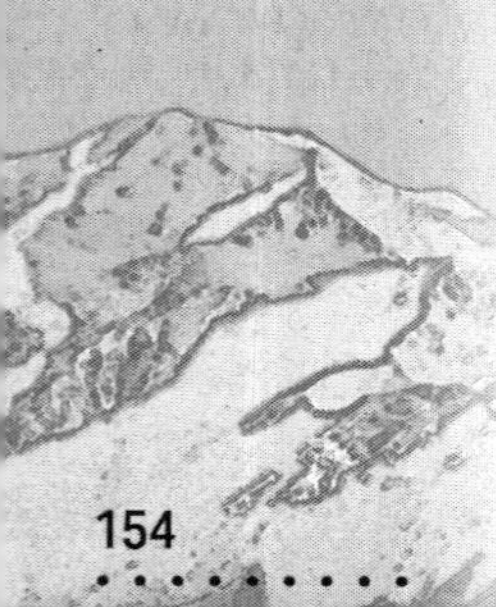

Sollte bei Betroffenen solche Symptome festgestellt werden, ist unbedingt therapeutische Hilfe ratsam.

Krisenmanagement ist zielgerichtetes Handeln, oft auch unter den Augen der Öffentlichkeit. Jeder Veranstalter sollte sich mit diesen Konzepten vertraut machen und vor allem durch Szenarien einüben. Ein Krisenteam wird nur durch Erfahrung besser.

Das letzte Kapitel wird sich abschließend mit der Konzeption eines umfassenden Sicherheitsmanagements beschäftigen.

6. Sicherheits-management

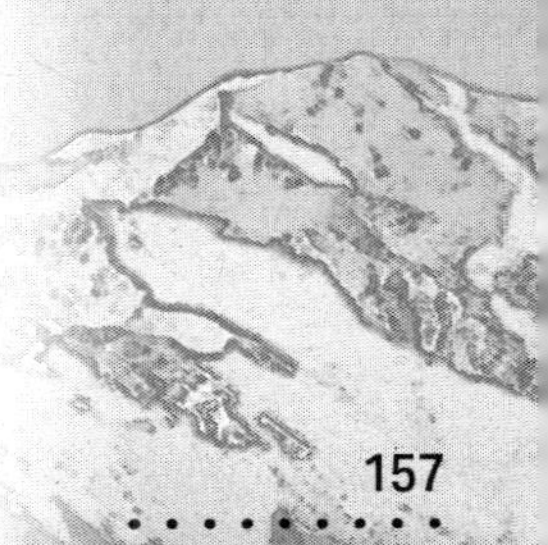

6. Sicherheitsmanagement

Die vorangegangenen Kapitel haben versucht, das Spannungsfeld von Erlebnisorientierung, Sicherheitsbedürfnis und Risikominimierung in Outdoorprogrammen darzustellen. Wie kann man nun vor diesem Hintergrund ein sinnvolles Sicherheitsmanagement entwickeln? Die ersten Antworten auf diese Frage habe ich durch meine langjährige Zugehörigkeit beim Lehrteam des Deutschen Alpenverein erhalten, wo mich der Austausch mit Wolfgang Mayr und Wilfried Dewald inspirierte, einen umfangreicheren Blickwinkel zu diesem Thema einzunehmen. Bei Outward Bound habe ich viele Jahre das Sicherheitsmanagement der Zusatzausbildung für Erlebnispädagogik mitgestaltet und durch meine freiberufliche Trainertätigkeit habe ich dann zahlreiche Outdoorveranstalter bei der Erstellung ihrer Sicherheitskonzepte beraten.

Aus diesen Erfahrungen komme ich nun zu dem Schluss, dass sich ein Sicherheitsmanagement nicht nur mit dem operativen Bereich der Programme auseinandersetzen muss, sondern gleichfalls die Schnittstellen zu Programmgestaltung, Marketing und der Kundenkommunikation berücksichtigt werden müssen. Sicherheitsmanagement sollte also eine Aufgabe der gesamten Organisation und nicht nur der eines Sicherheitsbeauftragten sein.

Beispielhaft wäre hier die Haltung der **Lernenden Organisation** (Senge, 1990) einzunehmen. Lernende Organisation ist ein Begriff aus der Organisationsentwicklung und bezeichnet eine anpassungsfähige, auf innere und äußere Reize reagierende Organisation. Eine lernende Organisation ist idealer weise ständig in Bewegung und fasst Ereignisse als Anregung für Entwicklungsprozesse auf. Dem zugrunde liegt eine offene, von Individualität und Vielseitigkeit geprägte Organisation, die ein innovatives Lösen von Problemen erlaubt und unterstützt.

Der Grad der Lernfähigkeit einer Organisation wird als Organisationsintelligenz bezeichnet. Mechanismen, die eine Lernende Organisation unterstützen, sind:

- Aufbau von Visionen und Klärung einer gemeinsamen Wertebasis
- Orientierung an den Bedürfnissen von Mitarbeitern, Kunden und des Marktes
- Abflachung von Hierarchien, wechselseitiges Vertrauen, Teamgeist und Konfliktlösungsfähigkeit
- Unterstützung neuer Ideen, Systemdenken und Prozessorientierung, Integration von Personal- und Organisationsentwicklung
- Belohnung von Engagement und Fehlertoleranz
- Fähigkeit zur kritischen Selbstbeobachtung und Prognose

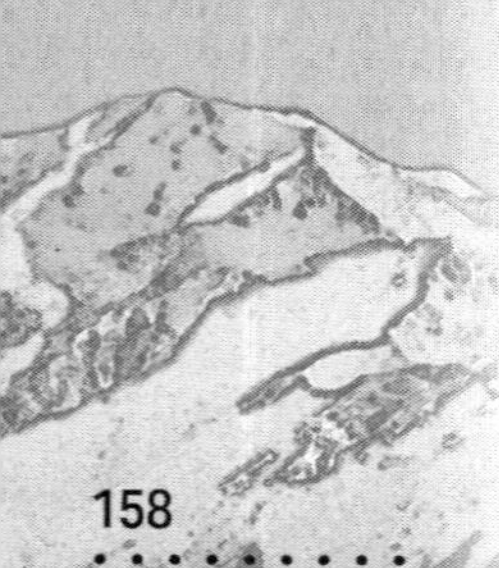

6.1 Rahmenbedingungen für Sicherheitsmanagement

Verschiedene Faktoren beeinflussen Sicherheitsfragen so grundlegend, dass diese zunächst im Vorfeld einer Programmgestaltung geklärt werden sollten. Erst dann können die Inhalte, die methodischen Umsetzungen und die Auswahl des Personals optimal aufeinander abgestimmt werden.

In den nun dargestellten Rahmenbedingungen greife ich auf Anregungen meines Kollegen Niko Schad zurück (Schad, 2002):

6.1.1 Klärung des Auftrags: Sachorientierung oder Prozessorientierung

Wenn in einer Outdoor Veranstaltung eine Aufgaben- und Sachorientierung wie das Erreichen von Berggipfeln oder das Befahren von Flüssen und Höhlen im Vordergrund stehen, sollten auch der Führungsstil und die Verantwortungsbereiche darauf abgestimmt sein.
Die fachsportlichen Führungstechniken müssen für diese Aufgabe also beim eingesetzten Personal vorhanden sein. So kann mit einer hohen Ergebnissicherheit gerechnet werden.

Wenn aber ein erklärtes Ziel die Selbsterfahrung der Teilnehmer, das soziale Lernen oder das „learning by doing" ist, stehen die Personen- und Gruppenprozesse mehr im Vordergrund und benötigen den begleitenden Leiter.

In der Prozessorientierung dürfen aber sicherheitstechnische Aspekte nicht einer erwünschten Gruppendynamik untergeordnet werden.

Beispiel:

Wenn für eine selbst organisierte Übernachtung im Freien die Teilnehmer sich ihre Unterkünfte selber bauen sollen, Ihnen aber die Erfahrung und die notwendige Sachkenntnis fehlen, spielt das Ergebnis ihres „learning by doing" bei schönem Wetter kaum eine sicherheitsrelevante Rolle. Da nicht mit Konsequenzen gerechnet werden muss, kann der Guide sie also ausprobieren lassen.
Bei drohendem Gewitter jedoch, sollten eindeutige Instruktionen oder auch Kontrollen erfolgen, da vom Ergebnis des Lagerbaus die Qualität der Nacht und damit auch das Wohlbefinden abhängen.

Viele Veranstalter in der Erlebnispädagogik setzen in der Personalauswahl entweder auf Doppelqualifikationen (fachsportliche und pädagogische Qualifikation) oder setzen zwei Mitarbeiter aus unterschiedlichen Bereichen ein.

Nachtlager selber bauen

6.1.2 Klärung der Verantwortung: Guide- oder Teilnehmerverantwortung

In Outdoorprogrammen haben wir als Guide letztlich immer die Hauptverantwortung in allen Sicherheitsfragen. Risikomanagement Strategien, fachsportliche Führungstechniken und empfohlene Verhaltensstandards helfen dabei, das Risikopotenzial zu senken. Sie stellen unsere Sorgfaltspflichten dar.

Eine Übertragung von Verantwortung für einzelne Aufgaben und Sicherheitsleistungen an Teilnehmer kann in die pädagogische Zielsetzung oder die Zielvereinbarung eines Auftrags jedoch sinnvoll eingebettet sein. Dieser Teil der Eigenverantwortung muss aber zumutbar sein und unmissverständlich kommuniziert werden. Diese Zumutbarkeit ist wiederum abhängig von der geistigen Reife, der körperlichen Fitness und der Häufigkeit, mit der ein Teilnehmer notwendige Fähigkeiten bereits erfolgreich geübt hat.

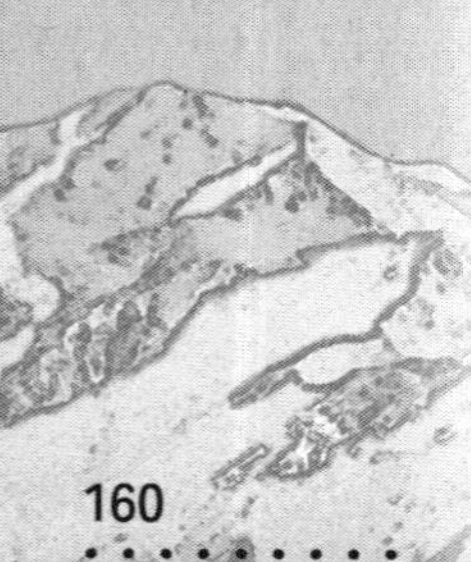

Beispiel 1: Kletterturm auf dem Jahrmarkt:

Ein Passant, der auf einem Jahrmarkt an einem Kletterturm zum ersten Mal in seinem Leben in die Senkrechte steigt, hat einen vollständigen Anspruch auf Sicherheitsdelegation an den Veranstalter und an das Sicherungspersonal. Eine eigenverantwortliche Beurteilung der Sicherungsmaßnahmen kann ihm noch nicht zugemutet werden. Der Passant hat aber die Pflicht, den Anweisungen des Führers Folge zu leisten. Hält er sich nicht an die Anweisungen, wird er in seiner Aktivität gehindert und notfalls ausgeschlossen.

Beispiel 2: Erlebnispädagogische Flussfahrt:

Eine Schulklasse bekommt im Rahmen einer erlebnispädagogischen Klassenfahrt den Auftrag mehrere Flöße mit vorbereiteten Hilfsmitteln zu bauen und dann einen Flussabschnitt damit zu befahren. Ob die Gruppe in der Lage sein wird, die Flöße zu bauen und den Flussabschnitt damit befahren kann, ist allein ein Ergebnis des Gruppenprozesses.
Da sich bei dieser Vorgehensweise ein Lernfeld für Problemlösestrategien, Absprachen und soziales Verhalten im Vordergrund stehen, wird die Aktion entsprechend nachbearbeitet.

Der Guide hat jedoch die Verantwortung das Material zu prüfen, den Flussabschnitt nach dem Können der Teilnehmer auszuwählen und die aktuellen Wasserverhältnisse zu erkunden.

Floßbau

6.1.3 Organisationsverantwortung und wirtschaftliche Interessen

Outdoorveranstalter sehen sich in einem Schadensfall möglicherweise vor eine zivilrechtliche Beweislastumkehr gestellt. Das bedeutet, dass nicht die Staatsanwaltschaft Beweise für schuldhaftes Verhalten und Fahrlässigkeit erbringen muss, sondern der Veranstalter Beweise für seine Unschuld. Wenn er in seinem Sicherheitsmanagement den Mitarbeitern eindeutige und Lehrmeinung konform gehende Standards vorschreibt, hat er einer wichtigen Veranstaltersorgfaltspflicht schon einmal Rechnung getragen.

Das Sicherheitsmanagement wird jedoch manchmal brüchig, wenn wirtschaftliche Interessen derart im Vordergrund stehen, dass sie im Widerspruch zu den allgemeinen Sicherheitsempfehlungen stehen. Als Beispiel kann hier der Einsatz weniger qualifizierten Personals genannt werden, das einfach billiger ist. Oder es wird das Personal unter Druck gesetzt, weil man den Kunden was Besonderes versprochen hat, aber die aktuelle Situation eine Durchführung als zu riskant erscheinen lässt. Ein klassischer Zielkonflikt also, der zugunsten des Profits entschieden wird. Das kann böse ins Auge gehen.

6.2 Vernetztes Sicherheitsmanagement

Die Herausforderungen, die sich im Entwickeln eines Sicherheitsmanagements sowohl auf der operativen Ebene, als auch für die gesamte Organisation stellen, soll nun in der folgenden Grafik übersichtlich dargestellt werden. Sie kann als Grundlage für die Erarbeitung eines Sicherheitshandbuches dienen, in dem konkrete Abläufe festgehalten werden.

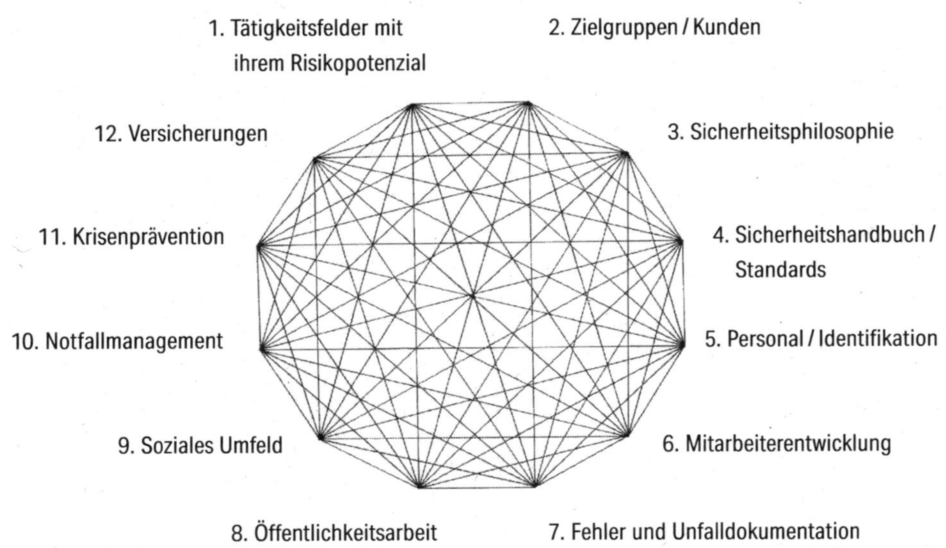

1. Tätigkeitsfelder und ihr Gefahrenpotenzial

Zunächst werden alle Tätigkeiten in den vorgesehenen Outdoorprogrammen wie etwa Bergsteigen, Segeln oder Seilgartenaktivitäten beschrieben und ihr spezifisches Gefahrenpotenzial definiert. Sollten für diese Aktionen Material (Boote, Seile ...) zur Verfügung gestellt werden, sind diese nach entsprechenden Empfehlungen oder Normen der Fachverbände zu lagern, zu warten und gegebenenfalls auch auszusortieren. Das sollte in einem Ordner dokumentiert werden.

2. Zielgruppen und Kunden

Wie bereits mehrfach erwähnt, können Auftraggeber und Teilnehmer in ihren Erwartungen, Bedürfnissen, in ihrer Hilfsbedürftigkeit (wie etwa Menschen mit Behinderung) oder auch in ihren Zielen unterschiedlich sein. Bevor man alle und jede mögliche Kundengruppe bedient, ist es wichtig, sich im Vorfeld über deren Besonderheiten Gedanken zu machen:

- Besteht Klarheit über Ziele der Kunden und über die eingesetzten Methoden oder gibt es potentielle Zielkonflikte?
- Wissen die Kunden, auf was sie sich einlassen (Risikokommunikation)?
- Wie ist die körperliche und seelische Verfassung der Teilnehmer?
- Der Gesundheitszustand sollte über einen medizinischen Selbstauskunftsbogen erfragt werden können.
- Gibt es bereits Erfahrungen der Teilnehmer in den Aktivitäten?
- Gruppengrößen spielen im Risikomanagement eine bedeutende Rolle. Je mehr Teilnehmer in Aktion dabei sind, desto unkontrollierbarer wird die Situation. Die Fachsportverbände definieren hier Empfehlungen zu Anzahl pro Teilnehmer und Guide.

3. Leitbild und Sicherheitsphilosophie

Im Gesamtleitbild der Organisation sollten auch das Selbstverständnis und der Umgang mit dem Thema Sicherheit und Risiko transparent, also für Mitarbeiter einsehbar und für Kunden nachvollziehbar, sein.
Insofern müssen die Schnittstellen zur Verwaltung und zum Marketing geklärt werden. Interessant ist hierbei das Spannungsfeld einerseits zwischen vielen Programminhalten, weil man dem Kunden ja etwas bieten möchte und notwendigen Ruhephasen andererseits. Ein sinnvoller Rhythmus zwischen Anspannung und Entspannung fördert die Aufnahmebereitschaft und Konzentration der Teilnehmer und stellt somit einen sicherheitsrelevanten Aspekt dar.

Letztlich gehört in dieses Leitbild unbedingt auch die eigene Position zur „Fehlerkultur" verankert. Fehler passieren und man sollte demjenigen dankbar sein, der sie mitteilt, damit die anderen nicht den gleichen Fehler machen. Im nachfolgenden Kapitel 6.4 „Fehlermanagement" wird darauf noch ausführlicher eingegangen.

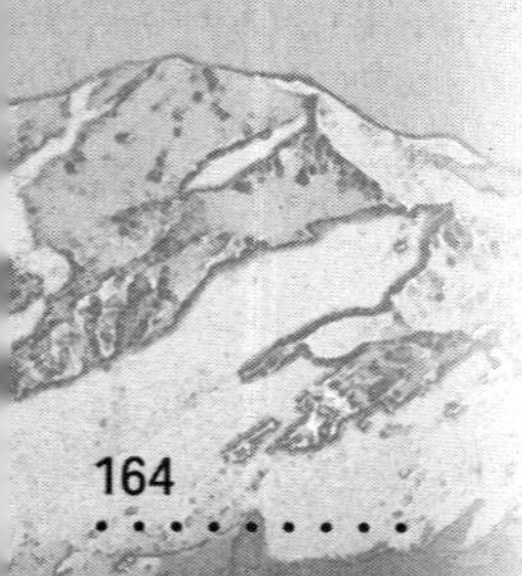

4. Sicherheitshandbuch und Standards

Die Sicherheitsphilosophie führt dann über konkrete Beschreibungen in die Erstellung eines Sicherheitshandbuchs. Dieses beschreibt:

- Die Verfahrensweisen und Standards (so genannte SOP- standard operating procedure) für die Aktivitäten. Diese müssen der aktuellen Lehrmeinung von Fachverbänden entsprechen. Veränderungen der Lehrmeinung oder der allgemein gültigen Standards müssen aktualisiert und für die Guides transparent gemacht werden.
- Checklisten und Entscheidungshilfen wie etwa Risikomanagementstrategien sind hilfreiche Instrumente im operativen Bereich.
- Die Ausrüstung muss gepflegt und gewartet werden. Die Wartungsintervalle sollten dokumentiert werden.
- Mann sollte „Frühwarnsysteme" entwickeln, bei denen aktuelle Veränderungen wie etwa Wetter, Verhältnisse, fehlende oder unvollständige Ausrüstung rechtzeitig an die Mitarbeiter kommuniziert werden. Dies macht vor allem in großen Organisationen mit vielen gleichzeitigen laufenden Programmen Sinn.
- Das Handbuch muss für alle Mitarbeiter als Pflichtlektüre einsehbar sein.
- Für freiberufliche Mitarbeiter ist das Lesen der aktuellen Version Teil ihres Honorarvertrages.
- Um diesen gesamten Bereich abzudecken, benötigt jeder Veranstalter und jede Organisation einen Sicherheitsbeauftragten.

Interessant ist letztlich in der Festlegung von Standards, ob es für sehr erfahrene Mitarbeiter auch Freiräume geben darf, innerhalb derer sie einen Entscheidungsspielraum nach eigenem Ermessen haben. Standards können gerade bei prozessorientierter Vorgehensweise sehr einengend sein, stellen aber für weniger erfahrene Mitarbeiter eine wichtige Leitlinie dar.

5. Personal und Identifikation

Mitarbeiter müssen eine Basisqualifikation aufweisen, um den Sicherheitsstandards Rechnung tragen zu können. Doch genauso wichtig ist die Identifizierung und Loyalität in der Umsetzung definierter Verfahren zur Risikominimierung.

Bei Leitungsteams mit ungleichem Ausbildungsstand ist es sinnvoll, vorher eine **„Sicherheitshierarchie"** zu klären. Bei gleichem Ausbildungsstand kann bei kontroversen Meinungen zwischen den Guides beispielsweise das höhere Sicherheitsbedürfnis zählen.

6. Mitarbeiterpflege und Mitarbeiterentwicklung

Die Mitarbeiter brauchen interne oder auch externe Schulungsmöglichkeiten zur persönlichen Weiterbildung. Ein Anreiz, bewährtes Personal zu halten und somit das Abwandern zur Konkurrenz zu verhindern, ist, hausinterne Schulungen anzubieten. Größere Veranstalter und Organisationen führen sogar Personalgespräche durch oder bieten Personalentwicklungsmaßnahmen an.

Letztlich müssen alle Qualifikationen oder Weiterbildungsmaßnahmen dokumentiert werden. Sollte es einmal zu einem Unfall kommen, bei dem die Polizei ermittelt, kann der Veranstalter den Einsatz des Personals schnell nach vollziehbar begründen.

7. Fehler und Unfalldokumentation

Alle Unfälle, Beinahunfälle und Fehler sollten dokumentiert und von einem Sicherheitsverantwortlichen regelmäßig ausgewertet werden. Dies kann dann die Grundlage von Fachdiskussionen und Weiterentwicklungsmaßnahmen sein. Ein Novum könnte es noch sein, wenn die Mitarbeiter auch schwierige Entscheidungssituationen oder kritische Erfahrungen dokumentieren. Dabei empfiehlt sich der Kontakt zur Sicherheits- und Unfallforschung oder ähnlichen Gremien.
Hinweise für ein operatives Fehlermanagement finden sich in Kapitel 6.4.

8. Öffentlichkeitsarbeit

In der Öffentlichkeitsarbeit sollten neben den üblichen Werbemotiven auch alle Bemühungen des Veranstalters um das Thema Sicherheit und Risikominimierung dargestellt werden.
Der Deutsche und Österreichische Alpenverein beispielsweise postulieren in ihren Risikomanifesten eine klare Position dazu.

9. Soziales Umfeld

Kontakte zur Öffentlichkeit, zu Behörden, zu Nachbarorganisationen und zu Gemeinden sollten regelmäßig gepflegt werden. Eine große soziale Akzeptanz, hat schon manchem Anbieter gerade in schwierigen Zeiten die Flanke gestärkt. Diese Kontakte stellen somit eine „strategische Allianz" dar.
Nach dem Motto „Tue Gutes und rede darüber" verknüpft sich dieser Aspekt als Schnittstelle mit der Öffentlichkeitsarbeit des Veranstalters.

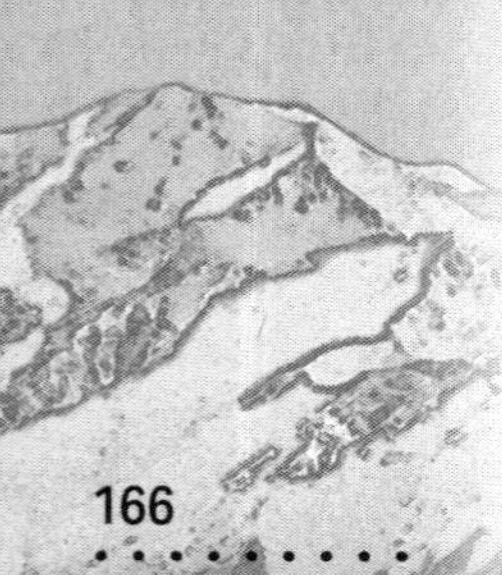

10. Notfallmanagement

Trotz sorgfältiger Vorsichtsmassnahmen, sind Unfälle leider nicht völlig auszuschließen. Um dann eine Unfallsituation bewältigen zu können, sind verschiedene Kompetenzen, wie sie bereits in Kapitel 4 beschrieben wurden, notwendig. Regelmäßige Schulungen und Notfalltrainings sollten mindestens alle drei Jahre verpflichtend durchgeführt werden. Nicht jeder Outdoor Erste Hilfe Anbieter wird aber konzeptionell den didaktischen Anforderungen gerecht. Oster und Rohwedder formulierten in einem internen Arbeitskreis des Bundesverband Erlebnispädagogik e.V. eine Guide Line für Schulungsanbieter. Diese findet sich am Ende des Buches wieder.

11. Krisenprävention und Krisenpläne

Wie bereits in Kapitel 5 aufgeführt, ziehen schwere Unfälle und „Worst- Case-Ereignisse" oft eine ganze Reihe unterschiedlicher Interessen und Anforderungen an deren Bewältigung nach sich.
Krisenfälle lassen sich grundsätzlich nur durch eine offene Unternehmenskultur meistern. Dazu gehört, vor einer Krise auch intern ganz offen alle möglichen Risiken und Krisenpotenziale anzusprechen und präzise Krisenpläne auszuarbeiten.
Krisenmanagementkonzepte bauen dann auf schnellen Schutz der Betroffenen und Vermeidung von negativen Schlagzeilen, um Reputationsschäden zu vermeiden.

12. Versicherungen

Unfall, Haftpflicht und Rechtsschutzversicherungen müssen auf alle Tätigkeitsfelder und Personen genau abgestimmt sein. Manche Versicherungsunternehmen versichern nur Tätigkeiten, wenn eine definierte Mindestqualifikation der Mitarbeiter vorliegt.
Haftpflichtversicherungen decken in aller Regel leichte bis mittlere Fahrlässigkeit ab. Grobe Fahrlässigkeit oder Vorsatz sind normalerweise nicht versicherbar!

6.3 Sicherheitsmanagement – Checkliste für den operativen Bereich

Um die Komplexität eines Sicherheitsmanagements für die konkrete Anwendung darzustellen, kann die folgende Checkliste hilfreich sein:

Vorbereitungs-phase	• Wie wird der Auftrag beworben oder kommuniziert? • Welche Personen kommen und welche Besonderheiten machen diese aus? • Welche Vorinformationen haben die Teilnehmer und welche Erwartungen wurden geweckt? • Mit welchen Ängsten kann gerechnet werden? • Mit wem gab es Vorgespräche? • Medizinische Selbstauskunftsbögen verwenden • Welche zusätzlichen Rahmenbedingungen machen den Auftrag aus? • Welche Ausrüstung wird dabei benötigt? • Wo sind Redundanzsysteme erforderlich? • Bin ich für den Auftrag ausreichend qualifiziert? • Welches Material muss geprüft werden? • Welche Checks (z.B. Seilgarten) sind durchzuführen? • Welche Wartungsarbeiten sind dem vorausgegangen und wo sind diese dokumentiert? • Welche zusätzlichen Informationen wie Wetter, aktuelle Situation vor Ort usw. werden benötigt? • Szenario Planung – was ist wenn? • Risikomanagement Strategien anwenden wie etwa den Vierfach Blick oder das 3x3 Filter Modell • Lehrmeinungen der Fachverbände sind bindend • Alternativen und Zeitreserven einplanen • Aufsichtspflichten klären
Ausführungs-phase	• Erwartungen und Befürchtungen der Teilnehmer abklären. • Die Teilnehmer auf das Programm einstimmen und dabei Regeln und mögliche Konsequenzen besprechen. • Den Teilnehmern Zeit lassen, ins Programm einzusteigen, und auch Phasen der Ruhe zulassen. • Sicherheitstechniken mit Teilnehmern besprechen und für Risiken sensibilisieren („*safety talk*"). • *„Stop Regel"* – bei Unklarheit wird *„Stop"* gerufen und alle müssen ihre aktuelle Tätigkeit sofort unterbrechen, damit Unklarheiten oder Gefahr im Verzug beseitigt werden können. • Motivation und Gruppendruck sorgfältig beobachten.

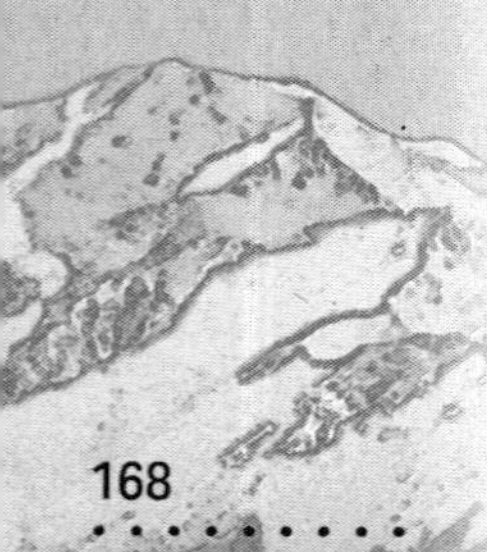

Ausführungs-phase	• Ängste sollten ernst genommen werden. Nicht jede Herausforderung ist für Teilnehmer selbstverständlich. Deswegen das Prinzip der Freiwilligkeit respektieren. • Vier Augen Prinzip – die Teilnehmer kontrollieren sich immer gegenseitig. • Bei zwei gleichwertigen Guides gilt das höhere Sicherheitsbedürfnis. • Falls die Teilnehmer ihr eigenes Material verwenden, muss dieses überprüft werden. Es muss genormt sein und den Anforderungen, wie sie im Sicherheitshandbuch des Veranstalters dokumentiert sind, entsprechen. • Risikomanagement Strategien einsetzen. • Flexibilität im Programm senkt den Druck. • In Kontakt mit den Teilnehmern sein. • Die eigene Motivation und Wahrnehmung prüfen. • Neutralisierende Rückkoppelungen beachten.
Nachbereitungs-phase	• Auswertung und Feedback mit den Teilnehmern. • Feedback innerhalb der Kursleitung mit kritischer Nachbereitung. • Persönliche Dokumentation von Fehlern als kritische Nachbereitung. Diese Erfahrungen können in kollegialem Austausch diskutiert werden. • Fehler und Beinahunfälle reflektieren. • Unfälle und Beinahunfälle dokumentieren. • Offiziellen Kursbericht schreiben. • Sind Protokolle zur Übergabe an den Kunden gewünscht oder notwendig?

Sicherheitscheck im Seilgarten

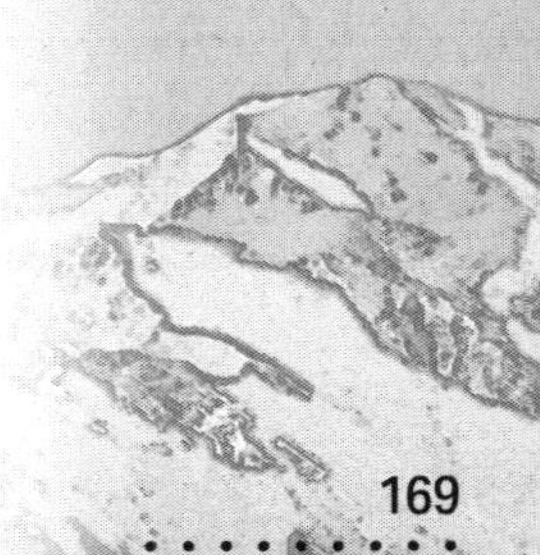

6.4 Fehlermanagement – Fehler als Lernchancen begreifen

Leider werden Unfallsituationen immer noch häufig aus einer Schwarz-Weiß Haltung heraus analysiert. Dieses „Richtig-Falsch Denken" verhindert Fehler als Lernchancen zu sehen, fördert negative Bewertungen und führt schnell zu Sanktionen.
In diesem Buch wird eine Position vertreten, die versucht, Fehler zu verstehen, um wertvolle Schlussfolgerungen künftigen Handelns zu ziehen. *„Fehlerfreundlichkeit bedeutet nicht, Könnerschaft für unwichtig zu erachten. Sie bedeutet eher, nicht vorverurteilend und, ideal sogar freundlich, auf denjenigen zu blicken, dem Fehler passieren und dankbar für dessen Bericht zu sein. Nur dann kann eine Haltung entstehen, in der sie auch berichtet werden."* (Schwiersch, 2003; S. 20).

Ein Fehlermanagement hat demnach den Anspruch, Fehler systematisch zu analysieren, zu reflektieren und geeignete Schlussfolgerungen zu ziehen. Deswegen möchte ich zunächst eine Einteilung von Fehlertypen vorschlagen, um mich dann der Fehlerentstehung und den Schlussfolgerungen zuzuwenden.

6.4.1 Fehlertypen

Fehler entstehen, aber nicht jeder Fehler, der geschieht, wird bemerkt oder hat unerwünschte Auswirkungen. Manchmal wird er gar nicht bemerkt und man hat lediglich Glück gehabt. Folgende Fehlereinteilung kann zur Fehleranalyse eine gute Orientierung geben:

Typ A – Fehler ohne Auswirkungen

- Der Fehler ist passiert, jedoch sind keine Gegenmaßnahmen notwendig.

  Beispiel 1:
  Der Klettergurt ist in den Beinschlaufen verdreht worden.
  Sicherheitstechnisch gibt es aber keine Bedenken. Es kann, muss aber nicht korrigiert werden.

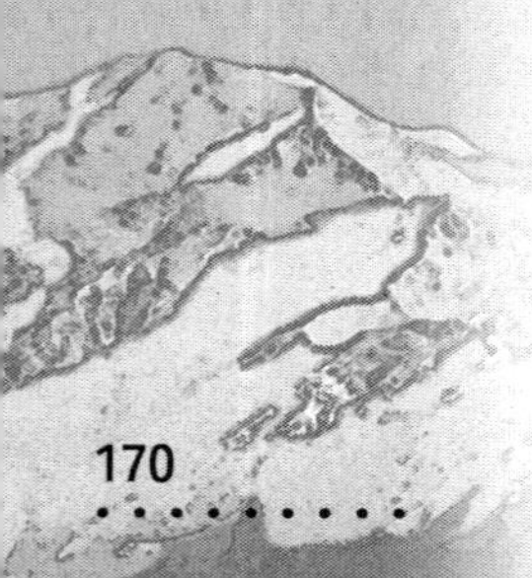

Typ B – Fehler mit unerwünschtem Ereignis oder Beinahe Unfall

- Der Fehler ist passiert, aber die Folgen können durch Gegenmaßnahmen abgewendet werden und es entsteht kein Schaden. Unter anderen Umständen hätte es jedoch schwerwiegende Folgen gehabt.

  Beispiel 1:
  Der Gurt wird falsch verschlossen. Bei Belastung würde er aufgehen. Der Fehler wird erkannt und korrigiert.

- Ein Fehler wird gemacht, aber nicht bemerkt.
  Es passiert nichts – Glück gehabt!

Beispiel:

Eine Schülergruppe begeht während einer erlebnispädagogischen Klassenfahrt einen alpinen Steig hin zu einer Selbstversorgerhütte. Es ist bereits Mitte Oktober und eine Kaltfront hatte zwei Tage vorher in den Bergen für ergiebige Schneefälle gesorgt. Der alpine Steig ist an einer Stelle über mehrere Hundert Meter derart steil, dass nach Schneefällen genau an dieser Stelle mit Lawinengefahr zu rechnen ist. Im Tal zeigt sich jedoch wenig von dem Schnee und es ist ja auch noch nicht Winter *(„Lawinen gibt es nur im Winter")*. Als die Gruppe den Hang quert, ist die Lawine bereits abgegangen. **Glück gehabt!**

Der Fehler lag in der Planung. Man hätte bei solchen Verhältnisse eindeutig eine Alternativroute wählen müssen.

Lawinengefahr im Herbst?

Typ C – Zwischenfall/Unfall

- Der Fehler konnte nicht verhindert werden. Es ist unwiderruflich ein Schaden oder Unfall entstanden.

  Beispiel 1:
  Im Hochseilgarten wird ein Sicherungssystem falsch bedient und es kommt zum Absturz.

  Beispiel 2:
  Einer Gruppe wird aus Zeitdruck nur knapp Instruktionen in Bootstechniken vermittelt, um nachfolgend einen Flussabschnitt zu befahren. Der Wasserpegel steigt permanent und die Teilnehmer sind mit den Anforderungen auf dem Wasser überfordert. Es kommt zur Kenterung.

Nach dieser Einteilung in Fehlertypen, ist es notwendig den Blick auf die Entstehung von Fehlern zu richten. Dabei können zwei unterschiedliche Ansätze und Blickwinkel formuliert werden, nämlich der Personenzentrierte Ansatz und der Systemorientierte Ansatz.

6.4.2 Fehlerentstehung – der personenzentrierte Ansatz

Der ***„Personenzentrierte Ansatz"*** (Firlinger, 2006, S. 12) konzentriert sich auf Fehlhandlungen eines oder mehrerer Individuen am so genannten *„sharp end"*. Dabei wird angenommen, dass der Mensch allein die Ursache für den Fehler ist, und eine freie Wahl zwischen richtiger und falscher Handlungsweise hat. In Kapitel 2.1 wurde bereits auf die Attribution, also die Zuschreibung von Fehlern, hingewiesen. Die internale und externale Fehlerzuschreibung kann durch den Verursacher selber, aber auch durch andere wie etwa Beobachter, Teilnehmer oder Kollegen geschehen. Die meisten Menschen glauben, dass der Mensch auf eine bestimmte Art und Weise handelt, weil er eine bestimmte Art von Persönlichkeit ist und nicht wegen der Situation, in der er sich befindet. Seine Fehlhandlungen entspringen also in der von Regeln abweichenden Handlungsweisen und haben nur mit ihm zu tun.

Diese aktiven Fehler können durch unterschiedliche Faktoren beeinflusst sein:

- Schlechter Ausbildungsstand oder keine regelmäßigen Fortbildungen besucht
- Vergesslichkeit oder Nachlässigkeit
- Unaufmerksamkeit durch Ablenkungen
- Konzentrationsverlust
- Sorglose innere Haltung
- Konflikte im Leitungsteam
- Druck – Zeitdruck, Konkurrenzdruck oder Gruppendruck

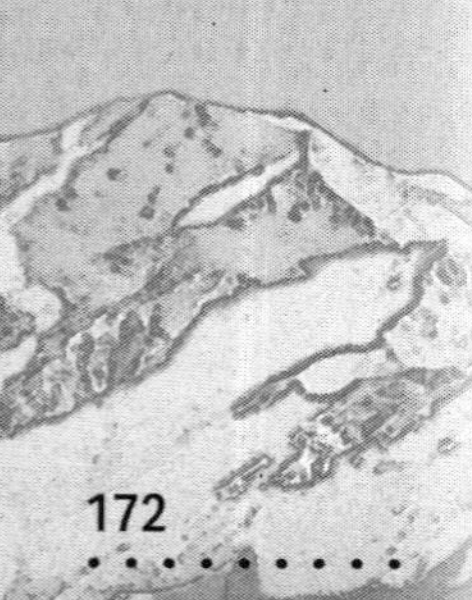

Gegenmaßnahmen werden dahingehend eingeleitet, besser zu trainieren, unerwünschte Verhaltensweisen zu ahnden oder auch disziplinarisch abzustellen. Das Hervorheben eines Beschuldigten und Definieren eines Sündenbocks ist häufig befriedigender, wie ein ganzes System in eine Verantwortung mit einzubeziehen. ***„Bad things happens only to bad people"***. (Firlinger, 2006, S. 12-13).

Fehler, die aber durch eine Verkettung und Vernetzung verschiedener Begleitumstände entstanden sind, werden so nicht erkannt und können als systemimmanente, also dem System innewohnende Fehler, weiterhin vermeidbaren Schaden anrichten.

6.4.3 Fehlerentstehung – der systemorientierte Ansatz

Beim systemorientierten Ansatz haben Fehler nicht nur ihren Ursprung im menschlichen Fehlverhalten des Individuums am *„sharp end"*. Sie resultieren auch aus Einflussfaktoren, die die Arbeitsumgebung und die Situation, in der sich der Mensch befindet, berücksichtigen. Diese Faktoren können *„Situation basierende Fehler"* (Linna, 2005) sein und in einem System wie etwa der Organisation lange schlummern, bevor sie bemerkt werden.

Hierzu zählen beispielsweise:

- Arbeitszeitüberlastung
- Arbeitsatmosphäre
- Unklare Arbeitsaufträge, unklare Rollenmuster oder ungeklärte Standards
- Schnittstellenprobleme und mangelhafte Übergabeprotokolle
- Schlechtes Arbeitsmaterial
- Mangelhafte Gerätewartung
- Eingeschliffene Abläufe werden auch auf neue Situationen übertragen
- Aktuelle Situation zum Zeitpunkt des Fehlers

Nach einem Vorfall wird der Blickwinkel der Fehleranalyse auf das gesamte System gerichtet. Auch die Schlussfolgerungen und Konsequenzen sind breiter gestreut.

6.4.4 Schutzschilder und Fehlerketten

Fehler entstehen also nicht am Anfang, sondern häufig erst am Ende einer Kette von Ereignissen. Dennoch wird meistens der Mensch am Ende der Kette dafür verantwortlich gemacht.

Ein Sicherheitskonzept muss also die verschiedenen Einflussfaktoren auf Fehlerentstehungen berücksichtigen. Diese können unter anderem sein:

- **Arbeitsumfeld und Verwaltungsabläufe**
  Management Entscheidungen, Kommunikation mit Kunden, Absprachen im Team
- **Standards und Risikomanagement Strategien**
  Festgelegte oder unklare Verfahrensbeschreibungen
- **Technische Systeme**
  Verfügbarkeit von Materialressourcen, das Material sollte nicht verwechselt werden können, einfach zu bedienende Sicherungssysteme, Komplexität reduzieren aber Redundanz Prinzipien (Hintersicherung) einführen usw.
- **Personal**
  Individuelle Faktoren, Qualifikation, Erfahrung mit der Zielgruppe, Teamfaktoren, Unterstützung durch erfahrene Mitarbeiter usw.

Diese Einflussfaktoren können im günstigen Fall bereits Schutzschilder darstellen, aber auch Lücken im System sein. Man kann sich das als eine Reihe verschiedener *„Schweizer Käse Scheiben"* (Reason, J. zitiert nach Firlinger, 2006, S. 14) vorstellen. Jede Scheibe ist zunächst eine Barriere, um Fehler abzufangen. Diese Sicherheitsschranken haben aber Löcher, weil bestimmte Fehlerszenarien noch nicht vorhersehbar waren oder eine Organisation sich damit noch nicht so intensiv beschäftigt hat. Ein Unfall ereignet sich dann, wenn in jeder Barriere ein Loch ist und der Fehler ungehindert durchschlüpfen kann.

Treffen also latente Fehler im System und menschlich verursachte aktive Fehler in einer unglücklichen Situation zusammen, kann es zu einer mehr oder weniger großen Katastrophe kommen.

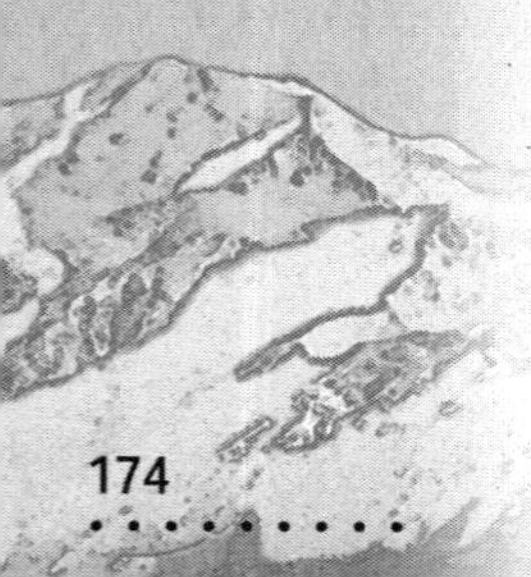

Schweizer Käse Modell

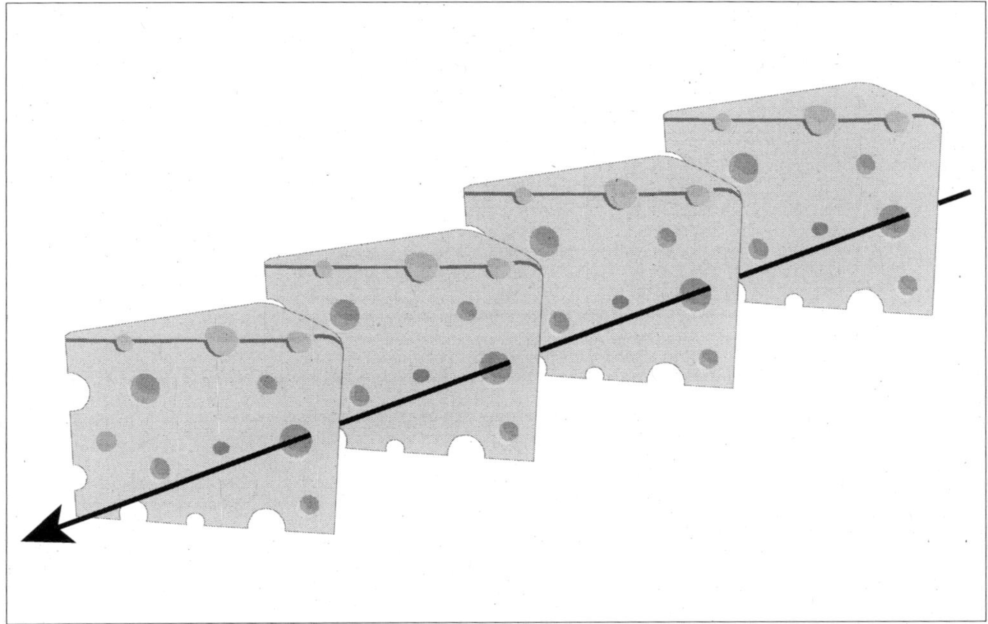

Käsescheiben repräsentieren Schutzschilder

6.4.5 Schlussfolgerungen für ein Fehlermanagement

Ein Fehlermanagement sollte ein Teil des Qualitätsmanagements sein. Die Luftfahrt beispielsweise führt bereits seit 30 Jahren ***„critical incident reporting systems"*** (Firlinger, 2006, S. 16) zur Fehlererfassung durch.

Für eine Umsetzung sind verschiedene Bedingungen notwendig. Eine Fehlerfreundlichkeit ist die relevante Haltung, das Lernpotenzial von Fehlern anzuerkennen. In der Erfassung von Fehlern sollten sowohl die aktiven als auch die *„latenten Fehler"* (St. Pierre, Hofinger, Buerschaper, 2005, S. 161), also die im System schlummernden Fehler analysiert und reflektiert werden.

Dafür schlage ich folgende Checkliste vor:

Kurstyp/Zielgruppe	Beschreibung der Situation	Schlussfolgerung	Änderungen Vorgenommen am
Was ist passiert? **Gruppe/Leiter** **Örtlichkeit** **Programmzeitpunkt**	Teilnehmer ist ungesichert im Hochseilgarten Beispiel: Schulklasse „xyz" 2. Tag Nachmittag		
<u>Fehlerbeschreibung</u> **Organisationsspezifisch** **Planungsfehler** **Materialfehler** **Ausführungsfehler**	Beispiel: Viele Gruppen gleichzeitig im Hochseilgartengelände Ausführungsfehler		
<u>Einflussfaktoren</u> **Mangelnde Absprachen** **Missverständnisse** **Ausbildungsstand** **Druck** **Ablenkung** **Müdigkeit** **Sonstiges**	Beispiel: Ablenkung durch andere Gruppen Lärm		

Diese Fehlererfassung muss vertraulich behandelt werden und darf nicht zu Sanktionen führen. Sie wird von einem internen oder auch externen Experten analysiert, der bei seinen Schlussfolgerungen versucht, das gesamte System mit einzubeziehen. Der Veranstalter oder die Organisation sollte natürlich dann in der Lage sein, diese auch weiter zu verarbeiten.

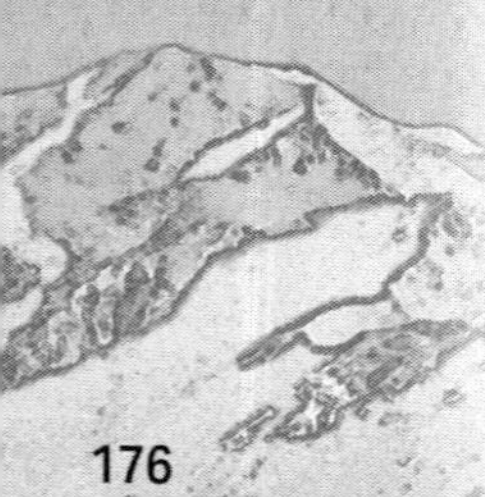

6.5 Rechtliche Aspekte

Die hier vorgestellten Aspekte verstehen sich als einfacher Überblick, keinesfalls als vollständige rechtliche Abhandlung. An dieser Stelle möchte ich Dr. Ingo Buchelt danken, der diesen Abschnitt aus Sicht eines Juristen korrigiert hat.
Die folgenden Begriffsdefinitionen sind einfache Erklärungen, entstehenden Unschärfen werden dabei in Kauf genommen:

Ein **Unfall** ist ein plötzlich eingetretenes Ereignis, welches zu einer Rechtsgutbeeinträchtigung (Schaden) führt.

Rechtsgüter sind unter anderem im Grundgesetz festgelegt. Wichtig in unserem Kontext ist vor allem das *„Recht auf Leben und körperliche Unversehrtheit“* Artikel 2 GG bzw. in § 823 BGB geschützte Rechtsgüter wie Leben, Körper, Gesundheit, Freiheit.

Haftung ist die Verantwortlichkeit für den Eintritt eines Schadens.

Schaden ist jede Einbuße, die jemand infolge eines bestimmten Ereignisses an seinen Lebensgütern, wie Gesundheit oder Eigentum erleidet.

6.5.1 Sorgfaltspflichten der Gruppenleitung

Sorgfaltspflichten sind aktuelle Sicherheitsstandards oder bestimmte Vorsichtsmaßnahmen, die durch die Lehrmeinungen anerkannter Fachverbände, aber auch durch die Summe der Anwender definiert werden. Ob und wann eine neue Erkenntnis, die einen Sicherheitsgewinn verspricht, zu einer Verkehrsnorm wird, richtet sich nach den Veröffentlichungen in der Fachliteratur, nach den Empfehlungen der Verbände und der Aus- und Weiterbildung. Wann sie sich als Standard durchsetzt, hängt von der Überzeugung der beteiligten Fachkreise und der unbestrittenen und ständigen Anwendung in der Praxis über einen längeren Zeitraum ab. Dieser Zeitraum umfasst etwa 10 Jahre.

Eine juristisch oft schwierig zuklärende Frage ist die, in wieweit das Unfallereignis aus der Situation heraus vorhersehbar und durch geeignete Vorsichtmaßnahmen vermeidbar gewesen wäre (ex ante Betrachtung). Hinterher ist man ja meistens klüger und in Nachbetrachtungen von Unfallereignissen stellt sich der Sachverhalt vor allem aus der Distanz oft einfacher dar, wie in einer konkreten Entscheidungssituation (ex post Betrachtung). Eine Verletzung der Sorgfaltspflichten muss dann in einem kausalen Zusammenhang zum Unfall stehen.

Für jede Outdoor Leitung ist eine eigene Haftpflichtversicherung mit ausreichender Deckungssumme absolut empfehlenswert.

6.5.2 Sorgfaltspflichten des Veranstalters

Outdoor Veranstalter haben eine allgemeine Informationspflicht. Darüber hinaus gibt es gewisse Aufklärungspflichten, in denen auf Gefahren hingewiesen werden muss und die Anforderungen an Teilnehmer, sowie den Charakter der Aktionen möglichst präzise beschreiben werden sollte. Veranstalter dürfen nicht eine Sicherheit versprechen, die sie nicht einhalten können oder Anforderungen falsch beschreiben. Nach einem Unfall können diese Informationen nach dem Grundsatz der Prospektwahrheit als Haftungsgrundlage dienen.

Entwicklungen aus der Sicherheitsforschung und im Risikomanagement müssen beobachtet und in die aktuellen Sicherheitsvorschriften einfließen. Den Veranstalter trifft ein Organisationsverschulden, wenn er einen Mitarbeiter mit einer Aufgabe betraut, der er nach seiner Ausbildung, Praxis Erfahrung und seinem Können nicht gewachsen ist, den Mitarbeiter ein Übernahmeverschulden, wenn er eine Aufgabe übernimmt, für die er nicht ausgebildet oder der er nach seinem Können nicht gewachsen ist.

Reiserechtsbestimmungen und Gewährleistungsansprüche werden auf Grund der Komplexität hier nicht beschrieben. Jeder Outdoor Veranstalter sollte sich aber für seine speziellen Belange kundig machen.
Eine besondere Versicherung abzuschließen ist dringend ratsam, denn Veranstalter haften für das Verschulden ihrer Mitarbeiter aufgrund der Erfüllungsgehilfenhaftung. Art und Umfang müssen mit Versicherungen geklärt werden.

6.5.3 Garantenpflicht

Als Garant übernimmt man in besonderem Maße die Verantwortung für die körperliche Unversehrtheit einzelner Personen oder einer Gruppe von Menschen.
Garant ist automatisch der Leiter im Rahmen einer organisierten Veranstaltung. Garant kann man auch dann sein, wenn man im privaten Bereich kraft seiner Qualifikation und vor allem seiner Handlungen die Leitung einer Gruppe oder von einzelnen Personen übernimmt, es sei denn es handelt sich um eine Kameradentour mit gleichstarken Partnern.

Im Unterschied zur Pflicht zur allgemeinen Hilfeleistung muss man sich als Garant in eingeschränktem Maße selbst einer Gefahr aussetzen um einer Verantwortung gerecht zu werden. Die Qualifikation eines Garanten muss auf jeden Fall seiner besonderen Verantwortung entsprechen. Der Maßstab in einem Strafprozess an das Können des Leiters wird entsprechend hoch angesetzt.

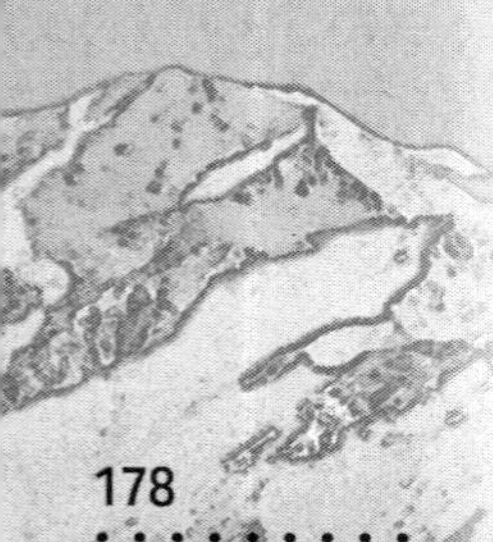

6.5.4 Aufsichtspflicht

Die Aufsichtspflicht an sich ist in Deutschland wenig übersichtlich in verschiedenen Gesetzestexten geregelt und von der Rechtsprechung konkretisiert worden.
Ein genereller Maßstab für die Erfüllung der Aufsichtspflicht ist das, was man verständigen Erwachsenen, Eltern und Gruppenleitungen nach vernünftigen Anforderungen im konkreten Fall zumuten kann. Damit soll sichergestellt werden, dass keine übertriebenen Maßstäbe angelegt werden.

In diesem Zusammenhang stehen dann die Erziehungsziele. Nach § 1 Abs. 1 des Kinder- und Jugendhilfegesetzes (KJHG) hat jeder junge Mensch ein Recht auf Förderung seiner Entwicklung und auf Erziehung zu einer eigenverantwortlichen und gemeinschaftsfähigen Persönlichkeit. Und nach § 9, Nr. 2 KJHG ist bei der Ausgestaltung der Leistungen und der Erfüllung der Aufgaben die wachsende Fähigkeit und das Bedürfnis des Kindes oder des Jugendlichen zu selbstständigem, verantwortungsbewusstem Handeln sowie die jeweiligen besonderen sozialen und kulturellen Bedürfnisse und Eigenarten junger Menschen und ihrer Familien zu berücksichtigen.

Inhalt und Umfang der Aufsichtspflicht werden also letztlich durch verschiedene Faktoren bestimmt

- Alter/Entwicklung/Auffälligkeiten der Personen
- Gruppenverhalten
- Gefährlichkeit der Beschäftigung
- Örtliche Umgebung mit den besonderen Gefahren
- Qualifikation des Betreuers/Alter/Erfahrung
- Teilnehmer/Betreuerschlüssel
- Erziehungsauftrag/Erziehungsziel
- Informationspflicht
- Zumutbarkeit
- Kontrolle

In Gruppen, bei denen Begleitpersonal wie beispielsweise Lehrer mitkommen, sollte vor Programmbeginn mit diesen Art und Umfang der Aufsichtspflicht sowie deren Rolle geklärt werden.

6.5.5 Strafrecht und Zivilrecht

In Deutschland existieren unabhängig voneinander zwei unterschiedliche Rechtsgebiete. Normalerweise beginnt bei Verletzungs- und Tötungsdelikten zuerst ein Strafverfahren, bei der gerichtlichen Klärung bezüglich von Sach- und Vermögensschäden allerdings nicht zwangsläufig.
Je nach Ausgang des Strafverfahrens wird dann vom Opfer ein Zivilverfahren begonnen. Ein Freispruch im Strafprozess endet meist auch im Zivilprozess mit einer Klageabweisung, allerdings nicht immer.

	Strafrecht	**Zivilrecht**
Gesetze	Strafgesetzbuch (StGB)	Bürgerliches Gesetzbuch (BGB)
Betreiber	Staat	Bürger
Zielsetzung	Recht und Ordnung Bestrafung	Schadensersatz
Konsequenzen	Freiheits- oder Geldstrafe oder gemeinnützige Tätigkeit	Zahlung einer Geldsumme; evtl. Übernahme der Anwalts- und Gerichtskosten

Strafrechtliche Haftung

Vor Gericht erfolgt eine Prüfung des Sachverhaltes im Wesentlichen in folgenden 4 Schritten:

1. Rechtsgutverletzung und Rechtswidrigkeit

Hier wird geprüft, welches Rechtsgut verletzt wurde und welcher Gesetzestext dies regelt. Stichwort dazu: Keine Strafe ohne Gesetz.

2. Verursachungsbeitrag (Tun oder Unterlassen)

Überprüft wird, in welcher Form der Angeklagte für den Eintritt des Schadens Verantwortung trägt. In dieser Phase werden die Details des Unfalls überprüft und gewichtet. Häufig werden zur Aufklärung Sachverständige von Verteidigung und Staatsanwaltschaft eingesetzt.

Grundsätzlich gibt es zwei Möglichkeiten:

- Verursachung durch Unterlassen wie etwa Gurte nicht kontrolliert, keine Lernzielkontrolle durchgeführt oder Seilgartencheck nicht durchgeführt

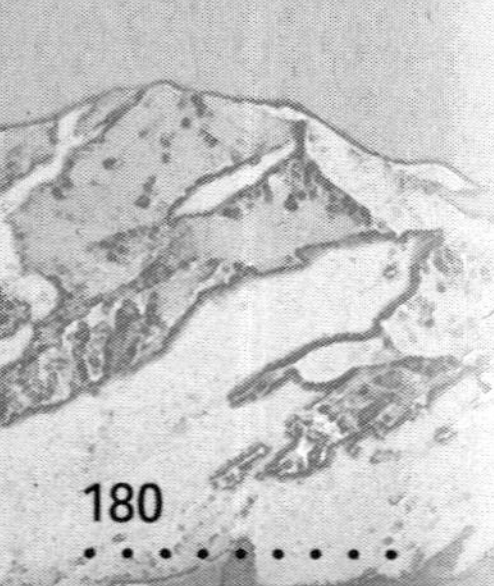

- Verursachung durch Tun: z.B. den Teilnehmer in einer Rettungssituation irrtümlich aus der Selbstsicherung ausgehängt was zum Absturz geführt hat. In dieser Phase wird auch die Ausbildung und Qualifikation des Angeklagten überprüft. Dabei wird ein subjektiver Maßstab angelegt, d.h. es wird überprüft was der Angeklagte gemäß seiner Ausbildung und Erfahrung hätte wissen können oder wissen müssen.
  Dazu werden bei einer bekannten Ausbildung (etwa Fachübungsleiter des DAV) der Ausbildungsplan und das Curriculum herangezogen. Wenn der Angeklagte keine formale Ausbildung besitzt, werden qualifizierte Menschen aus dem Umfeld des Angeklagten als Zeugen befragt.
  Im Falle einer kommerziellen Tätigkeit des Angeklagten wird ihm und dem Veranstalter das Fehlen einer einschlägigen Qualifikation vorgeworfen!

3. Verschuldungsgrad (Fahrlässigkeit/Vorsatz)

Strafrecht und Zivilrecht kennen jeweils nur zwei Verschuldensgrade, die einander angenähert sind:

Im **Strafrecht** wird zwischen bewusster und unbewusster Fahrlässigkeit unterschieden. Bei bewusster Fahrlässigkeit rechnet der Handelnde mit dem möglichen Eintritt eines Schadens, vertraut aber pflichtwidrig und vorwerfbar darauf, dass der Schaden nicht eintreten wird. Bei unbewusster Fahrlässigkeit sieht der Handelnde den Schaden nicht voraus, hätte ihn aber bei der im Verkehr erforderlichen und zumutbaren Sorgfalt erkennen und verhindern können. Auch in diesem Fall ist jedenfalls der Schaden vorhersehbar. Dies entspricht der einfachen Fahrlässigkeit im Zivilrecht

Allerdings wird der Verschuldensgrad bei der Strafzumessung berücksichtigt. Leichtsinn liegt auf der Ebene der bewussten oder groben Fahrlässigkeit.

Im **Zivilrecht** liegt grobe Fahrlässigkeit vor, wenn die erforderliche Sorgfalt im besonderen Maße nicht beachtet worden ist, also ein grober Sorgfaltsverstoß vorliegt, der jedem anderen in der Situation des Handelnden aufgefallen wäre. Einfache Fahrlässigkeit liegt vor, wenn die erforderliche Sorgfalt nicht beachtet wurde. Komplexe Unfälle können meist nicht ohne Sachverständigengutachten entschieden werden.

Vorsatz liegt vor, wenn der Handelnde mit Wissen und Wollen den Unfall herbeigeführt hat. In allen Fällen muss zwischen Sorgfaltsverstoß und Schaden ein Kausalzusammenhang bestehen. Pflichtverletzungen, die nicht zu einem Schaden führen, sind zwar ärgerlich, bleiben aber ohne Folgen.

An die Sorgfaltpflichten eines Berufsbergführers beispielsweise werden in der Regel. aufgrund seiner qualitativ besseren und längeren Ausbildung, seiner größeren Erfahrung und seines Wissens- und Kenntnisvorsprungs höhere Sorgfaltsanforderungen gestellt, als an den gelegentlich führenden, ehrenamtlichen Tourenführer.

4. Rechtswidrigkeit (Notwehr/rechtfertigender Notstand)

Im letzten Schritt wird überprüft ob das Verhalten des Angeklagten rechtswidrig war, oder ob eventuell ein rechtfertigender Grund vorgelegen hat der alle obigen Schritte aufhebt.

Zivilrechtliche Haftung

Häufig wird von der Person oder deren Angehörigen, die zu Schaden gekommen sind, ein Zivilprozess angestrengt. Dieser kann vor oder parallel zum Strafprozess begonnen werden, in aller Regel wird jedoch das Urteil des Strafprozesses abgewartet. In Einzelfällen werden auch Zivilprozesse geführt, ohne dass ein Strafprozess geführt wurde. Wo kein Beklagter, da kein Richter.
Häufig einigen sich Kläger und Beklagter bereits vor Verhandlungsbeginn außergerichtlich oder im Prozess im Rahmen eines Vergleichs. Dies wird zwischen den Anwälten der beteiligten Parteien verhandelt. Meist schalten sich auch die Vertreter der Versicherungen mit ein. Für einen Zivilrechtsprozess ist dringend ein Anwalt zu empfehlen.
Zivilrechtlich kann der Durchführende wegen unerlaubter Handlung und der Veranstalter wegen positiver Vertragsverletzung verklagt werden. Das kann unter Umständen auch beide gleichzeitig und unabhängig voneinander betreffen.

Diese Ausführungen sollten einen ersten Überblick über die komplexe Thematik der rechtlichen Aspekte verschaffen. Weitere Ausführungen würden den Rahmen der vorliegenden Publikation sprengen. Deswegen ist unbedingt zur besseren Absicherung der individuelle Rat eines Juristen wichtig.

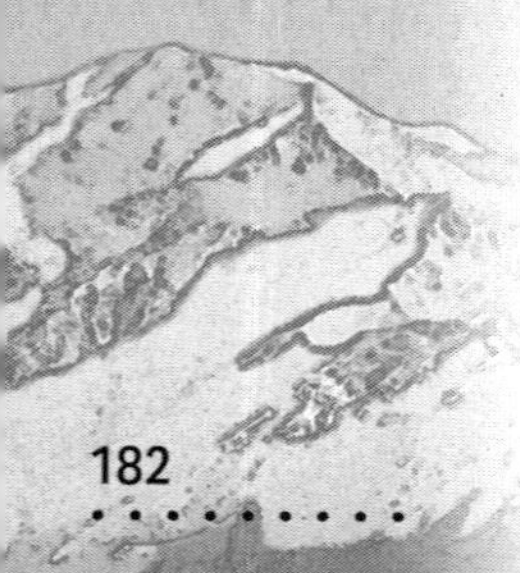

Schlussbetrachtung

Das arbeiten mit Gruppen oder Einzelpersonen Outdoor gehört sicher mit zu den schönsten beruflichen Aufgaben, die man sich vorstellen kann. Egal ob Sie nun eher Führen oder Leiten, immer ist es ein inspirierendes Wechselspiel zwischen den Geführten, den Guides und der Natur.

Die umfangreichen Auseinandersetzungen und die Einflussfaktoren auf die Entwicklung von Sicherheitsmanagement-Konzepten sind für mich ein spannender Prozess gewesen. Ich hoffe, es ist mir durch dieses Buch gelungen, den Faktor Mensch stärker in der aktuellen Sicherheitsdiskussion zu betonen und zukünftige Diskussionen dadurch zu bereichern. Ich hoffe auch, dass sich bestehende Ausbildungskonzepte in Zukunft intensiver auf den Faktor Mensch konzentrieren werden. Manch ein Leser wird möglicherweise ins Staunen gekommen sein, mit was man vor allem beim Notfall- und Krisenmanagement rechnen kann. Es ging jedoch nicht darum, einen Teufel an die Wand zu malen, sondern es ging mir vor allem um das gute Gefühl, für alles vorbereitet zu sein.

Literatur

Aronson Elliot, Wilson Timothy, Akert Robin: „Sozialpsychologie"; Pearson Verlag, München 2004

Bem, D.J.: „Self perception theory", in Advances in experimental social psychology, New York, Ausgabe 6/1972

Bieger, T.: „Marketing Konzept im Tourismus", in Tourismus Handbuch Marketing, Rotten Verlag, Visp 1990

Bierhoff, H.-W.: „Sozialpsychologie" (5. Aufl.). Kohlhammer, Stuttgar 2000

Blanchard, K., Zigarmi, P., Zigarmi, D.: „Der 101-Minuten-Manager: Führungsstile", MVG Verlag, München 1986

Borkenau, P. & Ostendorf, F.: NEO-Fünf-Faktoren-Inventar (NEO-FFI) nach Costa und McCrae, Göttingen 1993

Bryant D.T.: "The Human Element in Shipping Casualties"; Report prepared for the Department of Transport, Marine Directorante United Kingdom

Buerschaper, C., St. Pierre, M.: „Teamarbeit in der Anästhesie – Entwicklung einer Checkliste", in „Entscheiden in kritischen Situationen", Verlag für Polizeiwissenschaft, Frankfurt 2003

Carrel, L. F.: „Leadership in Krisen – Ein Handbuch für die Praxis", Verlag Neue Zürcher Zeitung 2004

Chemers, M.: „Leadership research and theory: A functional integration", Group Dynamics: Theory, Research and Practice; 4, 2000

Cohn, R.: „Von der Psychoanalyse zur themenzentrierten Interaktion. Von der Behandlung einzelner zu einer Pädagogik für alle", Klett-Cotta Verlag, Stuttgart 1980

Deutscher Alpenverein e.V., „Risikomanifest", in DAV Panorama, Ausgabe Januar/2006

Dewald, W.: „ Im Angesicht der Krise", in Zeitschrift erleben und lernen, Ausgabe 2/2005

Dewald W., Kraus L., Schwiersch M.: „Missgeschicke – Eine Sammlung erlebnispädagogischer Praxisfälle", Eigenverlag Dewald, Kraus, Schwiersch, Pfronten 2003

Dick A.: „Mit Köpfchen hoch hinaus", in DAV Panorama, Ausgabe Juni 2005

Dörner, D.: „Die Logik des Misslingens", Rowohlt Verlag, Hamburg 2003

Eagly; A.H.; Johnson, B.T.: "Gender and leadership style: A meta analysis", Psychological Bulletin 108

Einwanger J.: „Der Gipfel ist nur die Richtung", in Alpenverein – Vereinszeitschrift des OEAV, Ausgabe 04/2005

Engler M., Mersch J.: „Die weiße Gefahr", Verlag Martin Engler, Sulzberg 2001

ERCA, European Ropes Course Association, Verein zur Förderung von Ropes Courses e.V.: „Industriestandards für mobile und stationäre Ropes Courses, ZIEL-Verlag, 2. überarbeitete Auflage, Augsburg 2003

Festinger, L.: "A theory of social comparison processes", in Human Relations Nr. 7, 1954

Festinger, L: "A theory of cognitive dissonance". Evanston, IL: Row, Peterson 1957

Fiedler, F.: „A theory of leadership effectness", New York: Mc Graw-Hill 1967

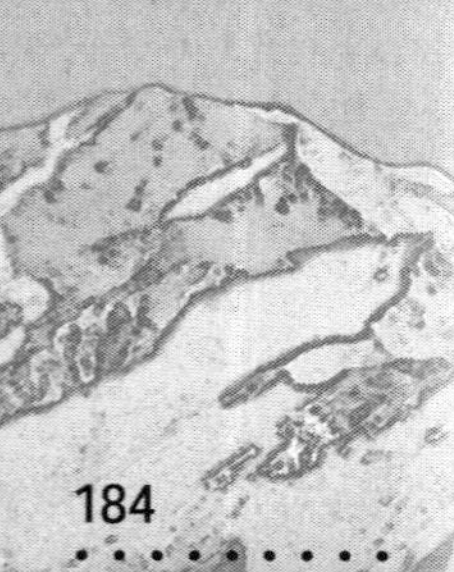

Firlinger F.: „Patient safety in emergency medicine", Österreichische ONFE Studie der Oberösterreichischen Gesellschaft für Notfall und Katastrophenmedizin, 2006

Fritz, A.; Schwiersch, M.; „Bindung und Risiko", in „Mut zum Risiko", Ernst Reinhardt Verlag, München 2007

Gatt, St.; Libicky, St.; Stockert, M.: „Sicher lernen outdoors", ZIEL-Verlag Augsburg 2006

Geyer, P.: „Der 7. Sinn", in Berg und Steigen, Ausgabe 04/2004

Geyer, P.: „Vom Maximum zum Optimum" in DAV Panorama, Ausgabe August 2003

Geyer, P.; Pohl, W.: „Risikomanagement" in „Skibergsteigen – Freeriding", Alpin Lehrplan 4, BLV Buchverlag, München 2007

Goleman, D.; Boyatzis, R.; McKee, A.: „Emotionale Führung", Econ Verlag München 2002

Gronemeyer, M.: „Das Leben als letzte Gelegenheit", Primus Verlag, Darmstadt 1993

Hartmann, H.P.: „Entweder/Oder – Probleme und Strategien der Entscheidungsfindung", in Berg und Steigen, Ausgabe 02/2002

Hartmann, H.P.: „Get home itis", in Berg und Steigen, Ausgabe 03/2004

Hartmann, H.P.: „Der Herdentrieb als Unfallursache", in Berg und Steigen, Ausgabe 03/2006

Heider,F.: „The psychology of interpersonal relations", New York 1958, Wiley

Herzog, R.: „Kriseninterventionsdienste in Deutschland", in Erleben und Lernen, Ausgabe 02/2005

Hersey, P.:"Situatives Führen – die anderen 59 Minuten", Verlag moderne Industrie, Landberg 1986

Hufenus, H.P.:"Outdoor Guide", ZIEL-Verlag Augsburg, 2. überarbeitete Auflage 2003

Hufenus H. P., Meier J.: „Erlebnispädagogik ohne Risiko?", in Erleben und Lernen, Ausgabe 3&4 2004

Kemmler R.: „Cockpit Safety Survey", (WWW – Dokument) www.plattform-ev.de/dokumente

Kleisa C., Schad N.: „Sicherheit in der Erlebnispädagogik", unveröffentlichtes Skript bei Outward Bound 1995

Kreszmeier H.; Hufenus H. P.: „Wagnisse des Lernens", Verlag Paul Haupt, Bern 2000

Langmaack B.; Braune-Krickau M.: „Wie die Gruppe laufen lernt", Psychologie
Verlags Union, Weinheim 1989

Lasogga, F., Gasch, B.: Notfallpsychologie. Stumpf und Kossendey, Edewecht 2002

Le Breton, D.: „Riskantes Verhalten Jugendlicher als individueller Übergangsritus", in J. Raithel (Hrsg.), 2001

Lenz, F.: „Handeln – nicht behandeln lassen, Vom Umgang mit den Medien im Krisenfall", in Erleben und Lernen, Ausgabe 02/2005

Linna, E.: „Human factors in ship design", International Conference, London 23.-25.02.2005

Lord, C.G., Lepper, M.R., Preston, E.: "Considering the opposite: A corrective strategy for social judgment" in Journal of Personality and Social Psychology, 47, 1984

Maercker, A.: Therapie der posttraumatischen Belastungsstörung, Springer Verlag, Berlin 1997

Markus, H. R.: „Self-schemata and processing information about the self", in Jornal of Personality and Social Psychology, Nr. 35 1977

Maslow, A.: „ Persönlichkeit und Motivation“, Rowohlt Taschenbuchverlag, überarbeitete Auflage 1970
Munter W.: „Neue Lawinenkunde“, SAC Verlag, Bern 1992
Munter W.: „3x3 Lawinen- Entscheiden in kritischen Situationen“, Agentur Pohl und
Schellhammer, Garmisch-Partenkirchen 1999
Munter W.: „Vom Sicherheitsdenken zur Risikokultur“, in Summit News, Ausgabe 01/2005, DAV Summit Club GmbH München
OEAV Österreichischer Alpenverein: „Risikomanifest“, in Mitteilungen des OEAV Heft 03, 2003
Peters, L.H., Hartke, D.D., Pohlmann, J.T.: „Fiedler`s contingency theory of leadership: An application of the meta analysis procedures of Schmidt and Hunter“; Psychological Bulletin 97, S. 274-285
Riemann, F.: „Grundformen der Angst“, Ernst Reinhardt Verlag Basel 2003
Rohwedder, P.: „Notfallkompetenz und Emergency Leadership“,
Zeitschrift Erleben und Lernen Nr. 02/2005
Rohwedder, P.: „Führungskompetenz in Krisensituationen“.
Zeitschrift Berg und Steigen Nr. 02/2005
Rohwedder, P.: „Aufstieg zur Entschleunigung“, in Zeitschrift „Berg und Steigen“, Nr. 112
Schaller, M., Asp, C.H., Rosell, M.C., Heim, S.J.: „Training in statistical reasoning inhibits formation of erroneous group stereotypes“, in Personality and Social Psychology Bulletin Nr. 22, 1996
Schrag, K.: „Alpinlehrplan 1, Bergwandern – Trekking“, BLV Verlag München 2006
Schulz von Thun, F.: „Miteinander Reden“; Rowohlt Taschenbuch Verlag GmbH Reinbeck bei Hamburg 1993
Schaufler, B.: „Frauen in Führung“; Hans Huber Verlag Bern 2000
Schad, N.: „Grundannahmen zur Sicherheit in der Erlebnispädagogik“, internes Skript der ZAB Outward Bound, 2002
Schwiersch, M.: „Die Kunst, wahr zu nehmen“, in Berg und Steigen, 01/2002
Schwiersch, M.: „Ähnlich, doch nicht dasselbe. Risikoklassen bei alpinem pädagogischen Handeln“, Zeitschrift der Jugend des Deutschen Alpenvereins, München 2003
Schwiersch, M.: „(sh) it happens“, in Berg und Steigen Ausgabe 04/2003
Schwiersch, M.: „Die Gruppe ist gut, wenn ich kriege, was ich will“ in Sicherheit im Bergland, Jahrbuch 2005 des österreichischen Kuratoriums für alpine Sicherheit
Senge, P.: „ The Fifth Discipline: the art and practice of the learning organization“, New York 1990
Siebert, W.: „Seilgärten und Ropes Courses“, in Sicherheit im Bergland, Jahrbuch 2001,
Österreichisches Kuratorium für alpine Sicherheit Innsbruck
Sloterdijk, P.: „Eurotaoismus: Zur Kritik der politischen Kinetik“; Frankfurt am Main, 1989
Stoner, J.A.F.: „Comparison of individual and group decisions including risk“, Boston 1961

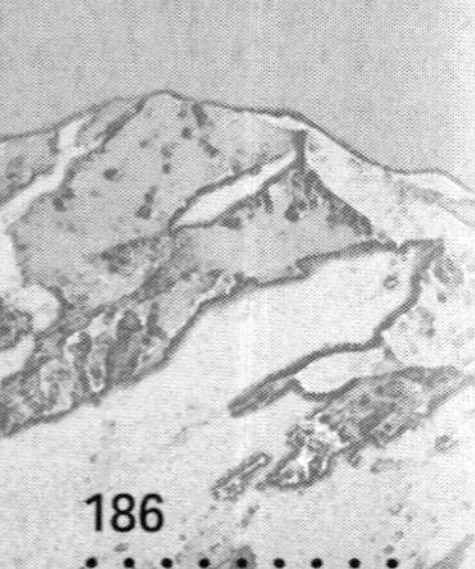

St. Pierre, M., Hofinger, G., Buerschaper, C.: „Notfallmanagement", Springer Medizin Verlag, Heidelberg 2005
Stahl, E.: „Dynamik in Gruppen", Beltz Verlag, Weinheim 2002
Streicher, B.: „Entscheidungsfindung", in Berg und Steigen, Ausgabe 03/04
Streicher, B.: Psychologische Faktoren bei der Entscheidungsfindung in Risikosituationen", Alpenvereinsjahrbuch Berg 2006, DAV München 2006
Strohscheider, St.: „Entscheiden in kritischen Situationen", Verlag für Polizeiwissenschaft, Frankfurt 2003
Thomann, C., Schultz von Thun, F.: „Klärungshilfe-Handbuch für Therapeuten,
Gesprächshelfer und Moderatoren in schwierigen Gesprächen", rororo Taschenbuchverlag, Reinbeck bei Hamburg 2000:
Tuckmann, B.W.: „Developmental Sequence in Small Groups", Psychological Bulletin Nr. 6/1963, S. 384-399
Utzinger, Ch.: „Zur Rolle von Wahrnehmung und Risiko bei Lawinenunfällen", in Berg und Steigen, Ausgabe 04/2003 und 01/2004
Watzlawick P., Beaven J.H.: „Menschliche Kommunikation", Bern-Stuttgart 1969
Watzlawick P.: „Die erfundene Wirklichkeit", Piper Verlag, München 2002
Watzlawick, Paul, https://www.quotez.net/german/paul_watzlawick.htm
Warwitz Siegbert: in Berg 2006-Alpenvereinsjahrbuch des DAV, München 2006
Zimbardo, P.G. & Gerrig, R.J.:. „Psychologie", Berlin, Heidelberg, New York: Springer 1999

Der Autor

Pit Rohwedder, Jahrgang 1963

Pit Rohwedder ist staatl. gepr. Berg und Skiführer mit Zusatzausbildung Erlebnispädagogik, Kommunikationspsychologie und systemischer Organisationsberatung. Er ist zudem Rettungsassistent und war lange Bergwacht und Erste Hilfe Ausbilder. Von 1997 bis 2008 war er als Lehrtrainer bei namhaften Anbietern erlebnispädagogischer Zusatzausbildungen tätig. Seit 2000 ist er Mitglied im Bundeslehrteam Bergsteigen des DAV.
Von 2008 bis 2013 war er hauptberuflich in der Personal- und Organisationsentwicklung bei Daimler Buses in Neu Ulm tätig.

Aktuell arbeitet er als freier Berater und Trainer in unterschiedlichen Projekten.
Schwerpunkte seiner Tätigkeiten sind:

- Systemische Organisationsberatung und Strategieentwicklung für mittelständische Betriebe
- Verbesserung der Lernfähigkeit von Organisationen
- Aus- und Weiterbildung für Führungskräfte
- Moderation von Klausuren und Work Shops
- Stressmanagement, Entschleunigung und Burnout Beratung

www.rohwedder-konzepte.com
www.rohwedderundpartner.de

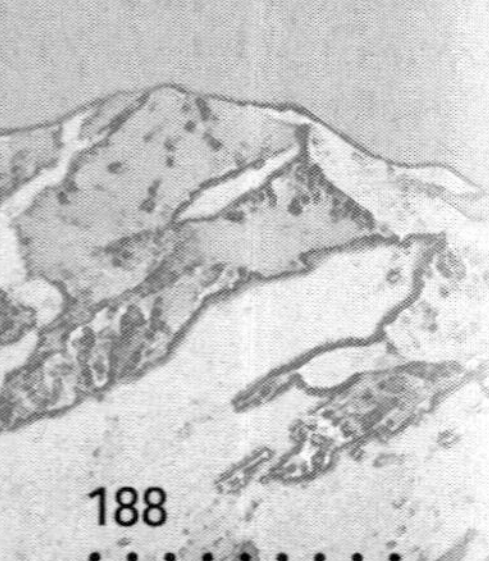